ZENSORIAL

MENTE

ESTANISLAO BACHRACH

Deixe seu corpo ser seu cérebro

TRADUÇÃO
Ricardo Giassetti

TÍTULO ORIGINAL *Zensorialmente: dejá que tu cuerpo sea tu cerebro*

Latitude é o selo de aperfeiçoamento pessoal da VR Editora

EDIÇÃO Silvia Tocci Masini
PREPARAÇÃO Maria Paula Myobun
REVISÃO Ligia Alves
DESIGN DE CAPA E PROJETO GRÁFICO Juan Pablo Cambariere
ADAPTACÃO DE ARTE E DIAGRAMAÇÃO Pamella Destefi
ILUSTRAÇÃO pag. 53: © Yoga icons created by studio / Flaticon.com
PRODUÇÃO GRÁFICA Alexandre Magno

Dados Internacionais de Catalogação na Publicação (CIP)
(Câmara Brasileira do Livro, SP, Brasil)

Bachrach, Estanislao
Zensorialmente: deixe seu corpo ser seu cérebro / Estanislao Bachrach; [tradução Ricardo Giassetti]. – Cotia, SP: Latitude, 2024.

Título original: Zensorialmente
ISBN 978-65-89275-51-0

1. Autoajuda 2. Desenvolvimento pessoal 3. Estimulação sensorial 4. Mente – Corpo 5. Saúde emocional I. Título.

24-194124 CDD-153

Índices para catálogo sistemático:
1. Mente: Psicologia 153
Cibele Maria Dias – Bibliotecária – CRB-8/9427

VR Editora S.A.
Via das Magnólias, 327 – Sala 01 | Jardim Colibri
CEP 06713-270 | Cotia | SP
Tel.| Fax: (+55 11) 4702-9148
vreditoras.com.br | editoras@vreditoras.com.br

Quanto mais você sabe,
de menos você precisa.
FILOSOFIA ZEN

Aos meus amorosos filhos,
Valentín e Uma,
com quem aprendi a calma atenta.

SUMÁRIO

Prólogo 11

Introdução 19

Capítulo 1: Inteligência sensorial 29

Capítulo 2: Energia 73

Capítulo 3: Tensão 105

Capítulo 4: Lugar 137

Capítulo 5: Respiração 175

Capítulo 6: Temperatura 205

Capítulo 7: Movimento 235

Revisando o que foi aprendido 267

Agradecimentos 271

Referências 273

PRÓLOGO

A saída é pela porta. Por que ninguém usa esse método?
FILOSOFIA ZEN

Eu gosto da neve. E, quanto mais velho (ou mais sábio?) fico, mais gosto do frio em vez do calor, das montanhas em vez da praia.

Quando criança, meus pais nunca me levaram para ver a neve. Não sei se por uma questão financeira ou se simplesmente não estavam interessados. Além disso, sempre foram muito sedentários. Ambos psicanalistas, passavam horas sentados, atendendo seus pacientes, que entravam e saíam da minha casa como se ela fosse um banco. Os dois adoravam o trabalho deles.

Aos 25 anos, fui fazer doutorado em Biologia Molecular e Celular em Montpellier, na França. Meu orientador de tese, Marc Piechaczyk, era aficionado por esportes ao ar livre. Quase todos os fins de semana, chovesse ou trovejasse, fosse a temperatura 5 ou 35 graus, Marc convidava seus doutorandos e pós-doutorandos a descer o Maciço Central de mountain bike, entrar em cavernas para estudar espeleologia, escalar os vales de Marselha ou nadar em rios, saltando, mergulhando e escalando, por quilômetros e quilômetros, para praticar canionismo. Marc tinha equipamentos para todos esses esportes e para cada um de nós. Não precisávamos comprar nada. Era uma coisa maravilhosa para alguém que ama esportes como eu.

Nos dias de semana, ao meio-dia, jogávamos squash. Não ganhei de Marc, nunca, mesmo tendo praticado muito na adolescência. Ele era cerca de dez anos mais velho que eu. Tinha 1,90m de altura. Era magro, loiro, tonificado e com a pele bem bronzeada. Como um Arnold

Schwarzenegger mais elegante. Para as mulheres, Marc era o mais atraente do Instituto de Genética Molecular.

Em meu primeiro inverno na França, Marc me convidou para praticar *snowboard* nos Pireneus. Adorei o desafio, embora fosse minha primeira vez. Ao longo do caminho, eu finalmente conheceria a neve de perto; aos dezessete anos eu a toquei pela primeira vez, numa viagem com meu amigo Fer, em Israel.

Partimos com Marc, sua esposa e um de seus filhos para a cordilheira onde Andorra separa a França da Espanha. Eu nunca tinha praticado esportes de neve, mas, depois daquela experiência com o *snowboard*, nunca mais parei. Foi "amor à primeira neve", assim como acontecera com Marc.

Naquela época não se usava capacete, ninguém tinha celular e não havia instrutores de *snowboard*, pelo menos em Piau-Engaly. Marc me emprestou uma prancha, me deu umas botas duríssimas e duas ou três dicas de como descer. Apesar de receber do governo francês uma bolsa de estudos bastante modesta — 4.900 francos franceses (1 USD = 6 FF) —, eu podia pagar os teleféricos e alugar uma jaqueta.

A neve era linda e a experiência foi dolorosa. Qualquer pessoa que já praticou *snowboard* sabe disso. Os primeiros dias são terríveis, e, sem instrutor, tudo é muito pior. Adorei a velocidade, a adrenalina, o vento gelado no rosto e a sensação de liberdade e de pouco controle.

Alguns anos depois, pensando que "conhecia" *snowboard*, fui com minha namorada à época para Val d'Isère, nos Alpes franceses. Subi até o pico mais alto. Sob uma tempestade de neve em que mal conseguia ver a pista, posicionei mal a prancha no gelo e caí numa pedra, batendo o ombro e a cabeça. Senti o impacto e o estalo na coluna cervical. Rompi o ligamento acromioclavicular, que liga o ombro ao braço. Minha clavícula rompeu a pele. O episódio me custou, depois de um deslocamento de helicóptero para descer a montanha e sete horas de viagem de ambulância para chegar à minha cidade, duas cirurgias, pinos e uma recuperação muito lenta, mas, no fim das contas, bastante boa. Lembro-me de que, quando cheguei ao hospital de Montpellier, fui recebido por um cirurgião de origem argelina. Não me lembro o nome dele, contudo era muito jovem, havia se formado em São Francisco e era o orgulho de sua família. A primeira cirurgia foi com anestesia geral, obviamente. Mas a segunda, seis semanas depois, para retirar os parafusos, foi com anestesia local. Dessa forma, conversamos enquanto ele inseria uma pinça pontiaguda em meu ombro. Percebi que o médico estava com pressa. Eu estava com pressa. Enquanto dava os pontos em mim, depois de tirar os pinos, ele começou a conversar com outras pessoas na sala de cirurgia. "Magrelo, você não está olhando onde coloca a agulha", não me atrevi a dizer a ele. Percebendo que o assistente estava sendo um pouco desleixado, ele disse:

— Não se preocupe, as mulheres gostam de cicatrizes.

Porém, apesar de carregar na pele essa lembrança não muito agradável, esse jovem cirurgião *criador de cicatrizes* realizou um dos atos que mais me emocionaram na minha relação com médicos e a medicina. Após o acidente, decidi nunca mais voltar à neve na minha vida. Tive medo de enfrentar aquelas encostas escorregadias novamente. Mas, um ano após a cirurgia, quando o inverno chegou à Europa, o telefone do meu escritório começou a tocar. Meu argelino favorito me incentivou, quase me obrigou, a voltar para a neve.

— Se você não for agora, nunca mais irá — disse ele, paternal.

Existem pessoas que passam pela vida da gente como um meteoro, mas deixam marcas. E assim, com medo, muito medo... eu fui. Mais tarde descobri que aquilo se chamava coragem, ou seja, aquela tentativa cheia de medo foi um ato de coragem.

Hoje, na casa dos cinquenta, eu me considero um *snowboarder* "razoável". Fiz muitas aulas, aprimorei minha técnica e podemos dizer que quase não caio mais. Eu me divirto muito.

Minha bolsa de estudos e pesquisa do governo francês tinha como exigência a defesa de minha tese de doutorado, fosse para uma banca francesa ou argentina (da Universidade de Buenos Aires). Na França, esses eventos são bastante formais e sempre começam com o orientador da tese. Em seguida, Marc fez uma breve descrição sobre mim e o que significou para ele meu tempo em seu laboratório e no Instituto de Genética Molecular. Imagine um anfiteatro. Não me lembro se estava muito nervoso ou apenas nervoso naquela tarde de 2001. A banca e todos os colegas do meu laboratório (e de outros do Instituto), bem como alguns alunos e ex-alunos, sentaram-se na primeira fila. Plateia lotada.

Já preparado e com meus slides ao lado do retroprojetor, falei a mim mesmo que ninguém sabia melhor do que eu aquilo que havia dedicado quase cinco anos da minha vida. E então Marc começou:

— *Dans cette vidéo que je vais vous montrer, vous comprendrez ce que cela signifiait pour nous d'avoir Stani dans notre laboratoire pendant cinq ans.* ("Neste vídeo que vou apresentar, vocês vão entender o que significou para nós termos Staní [com acento no último *i*, sem pronunciar o *E*, e o primeiro *s* frisado no tempo como se fossem cinco *s*] em nosso laboratório por cinco anos").

As luzes se apagaram, Marc colocou um VHS no videocassete, aumentou o volume no máximo e...

A anedota a seguir ilustra o que os participantes da defesa de tese viram naquele momento na tela.

Alguns anos antes da defesa da minha tese, o filme *Ou tudo ou nada* foi bastante comentado em Montpellier. Contava a história de um grupo de ingleses desempregados que, para ganhar algum dinheiro, decidiram fazer shows de striptease muito engraçados: nenhum deles sabia dançar ou estava em forma. Certa tarde, enquanto amigos e colegas do Instituto esperavam que células crescessem, que bactérias dormissem e que ratos comessem, decidimos assistir a esse filme. Xavi (catalão), Marcos (argentino), Sylvan (francês), Ian (inglês) e eu começamos a ensaiar as coreografias de *Ou tudo ou nada*. Todos nós cientistas. Embora tenhamos feito isso entre nós e por diversão, numa noite de verão, algumas das parceiras dos rapazes nos viram em ação, ensaiando. E foi assim que, poucos dias depois, fomos contratados para a festa de aniversário de uma moça de cinquenta anos. Levamos ainda mais a sério os ensaios, quase com a seriedade e o foco de quando transferimos DNA retroviral para uma bactéria. Não ficaríamos completamente nus, não só por modéstia mas também porque não tínhamos nada de interessante para mostrar (exceto Ian). Para deixar a coisa ainda mais divertida, decidimos colocar meias por dentro das cuecas pretas, figurino com o qual encerrávamos o show. Naquele aniversário, alguém filmou nosso show com uma câmera de vídeo, daquelas que usavam fitas VHS. E, como você já pode imaginar, esse vídeo chegou a Marc Piechaczyk poucos dias antes de ele me apresentar a uma sala lotada para a defesa da minha tese. Marc mostrou não apenas que os cientistas também podem se divertir, mas também sua grande qualidade humana ao me ajudar a conquistar o público antes mesmo de abrir a boca. Marc também demonstrou algo que não surgiu por coincidência entre cientistas mentais estressados: a importância do corpo entre tantas mentes virtuosas.

Peço a você que mantenha esta cena da dança em sua mente, porque vamos retornar a ela à medida que avançarmos no livro, e você compreenderá perfeitamente quão relevante é o movimento e cada pequena parte de sua essência.

Eu gosto da neve. Disso você já sabe.

Estamos em fevereiro de 2023, e estou voando de Salt Lake City, Utah, para Washington, DC, depois de cinco dias praticando *snowboard* em Park City — talvez a melhor neve e a montanha mais espetacular de que já desfrutei na vida. A experiência foi muito diferente de todas as anteriores. Nesses últimos três anos, desde o início da pandemia e da quarentena, fiquei obcecado (sempre que me preparo para escrever um livro) por ouvir, sentir e aprender com meu corpo. Hoje sei que faço isso para me tornar minha própria cobaia.

O confinamento em Buenos Aires, devido à covid-19, me motivou a mergulhar naquilo que eu costumava usar como veículo para minha cabeça: meu corpo. De 2020 até hoje, 2023, graças a diferentes técnicas e metodologias, mergulhei no estudo do meu próprio corpo para aprofundar meu conhecimento interno e o que me conecta com o mundo exterior: meus sentidos, o sensorial. Ao contrário de *En el limbo*, desta vez não quis explorar meu autoconhecimento a partir da história sobre "quem eu sou", ou seja, o autoconhecimento conceitual.

ZensorialMente é o conhecimento e o registro da informação que meu corpo fornece, a cada segundo, ao meu cérebro para que eu possa tomar decisões, muitas vezes inconscientes e poucas vezes conscientes: o que chamamos de **inteligência sensorial**. Por isso, a cada descida pelas encostas, minha atenção permanece voltada para diferentes sensações que esse exercício produz em cada parte do meu corpo. Amortecendo e girando a prancha, buscando equilíbrio e enfrentando as encostas. É um trabalho milimétrico de músculos, tendões e ligamentos junto aos meus fusos neuromusculares. Estes últimos, os fusos neuromusculares, são os receptores sensoriais no tecido muscular que detectam alterações no comprimento do músculo. Eles são responsáveis por transmitir informações sobre a distância angular dos músculos ao cérebro, que utiliza essas informações sobre as partes do meu corpo para regular a força de contração ou relaxamento de todos os músculos. Isso é o que chamamos de **propriocepção**.

No entanto, outras vezes, nas montanhas, minha atenção se volta para a sensação do vento gelado no nariz, o aroma sutil dos pinheiros; meu olhar fica atento à "neve em pó" (fofa) e às marcas deixadas por máquinas e outros esquiadores. Ouço o ruído da prancha no gelo, diferente do ruído produzido na neve rala ou na neve das encostas. É diferente se minha prancha desliza de lado ou plana na superfície branca, fria e translúcida. Ouço as pranchas de outras pessoas atrás de mim; tento reconhecer se são esquiadores iniciantes, experientes ou *snowboarders*. Isso faz parte da minha **exterocepção**.

Também tento, porém com muito mais dificuldade, voltar a atenção para o que está acontecendo na parte interna das minhas tíbias, obrigadas a suportar todo o peso do meu corpo dentro das botas. Sentir minha respiração ora calma, ora rápida, a depender se a pista é verde, azul ou negra. Meus intestinos se contraindo ou relaxando, me pedindo água ou comida. O coração se acalmando durante a subida nos teleféricos que me levavam de volta ao topo da montanha. Os níveis de tensão em meus antebraços, que me ajudam no equilíbrio sobre a prancha sempre que preciso me abaixar para ajustar as botas. Meu nível de energia, que vai se esgotando à medida que a tarde avança. Isso faz parte da minha **interocepção**.

Chamamos de **inteligência sensorial** sua capacidade (ou incapacidade) de somar sua inteligência emocional à habilidade de prestar atenção, medir e registrar sua exterocepção, propriocepção e interocepção, sem julgar ou interpretar com a mente o que sente.

INTELIGÊNCIA EMOCIONAL + EXTEROCEPÇÃO
+ PROPRIOCEPÇÃO + INTEROCEPÇÃO
= INTELIGÊNCIA SENSORIAL

Se você pensa (ou sente) que sabe (e pode) registrar **muito** da sua exterocepção, **muito** da sua inteligência emocional, **um pouco** da sua propriocepção e **pouco ou nada** da sua interocepção, então você está lendo o livro certo.

Assim (e como apresentarei ao longo deste livro), cheguei ao fim dessa jornada de investigação pessoal comprovando em mim mesmo, por mais que a teoria assevere, que corpo e mente **são** a mesma coisa, que o cérebro pode ser seu corpo e que seu corpo pode ser seu cérebro.

Nestes anos, torci, alonguei e fortaleci órgãos, vísceras, ligamentos e músculos com diferentes tipos de ioga. Brinquei com meu abdômen e pescoço no Pilates. Trabalhei e aprendi sobre as partes superior e inferior das costas fazendo *solidcore*. Analisei braços, ombros, quadríceps e pulmões enquanto nadava. Desafiei meu equilíbrio com as pernas e o tronco ao praticar *snowboard*. Minha cabeça e emoções ficaram livres por meio da técnica de meditação *5Rhythms*. Glúteos, joelhos e coluna me levaram a momentos muito desconfortáveis ao meditar. Voltei minha atenção para a sola dos pés e para o nariz, com seu interior cavernoso, enquanto caminhava quilômetros e quilômetros. Aprimorei meu olfato e tato sentindo brisas de diferentes temperaturas e intensidades, músculos e tendões que pediam para descansar, até mesmo meu estômago, praticando mindfulness em movimento; minhas vísceras antes de comer, durante a refeição e depois de comer; o equilíbrio na hora de se alongar, dançar, limpar a casa, esfregar a roupa. Pulmões, cintura, cotovelos, palmas das mãos e pés enquanto eu e meus filhos praticávamos *paddle* e jogávamos futebol. Atento para detectar os batimentos cardíacos durante a madrugada e antes de dormir. Minha mente e meu corpo como um todo, como uma energia única e em permanente movimento através da prática meditativa do *vipassana*.

Bem-vindo a ***ZensorialMente*, onde seu corpo é seu cérebro e seu cérebro é seu corpo. A inteligência que falta para você se conhecer ainda mais e, assim, tomar melhores decisões para uma vida repleta de estímulos.**

INTRODUÇÃO

A vida é como se preparar para zarpar em um navio que acabará naufragando.
FILOSOFIA ZEN

Você já ouviu a expressão "O corpo não mente"? Por que durante as últimas décadas estivemos tão interessados e dominados pelos mistérios do cérebro, mas não pelo nosso verdadeiro e único templo: nosso corpo? Por que existem mais artigos científicos sobre o órgão que dirige nossa vida, mas não sobre o local onde moramos? Você sabia que sua mente mente para você? Ela mente para você e você mente para si mesmo sem perceber. Seu corpo também mente para você? Seu corpo, com suas sensações, percepções e movimentos internos e externos, pode mentir para você? Essas sensações, ora agradáveis, ora neutras, e eventualmente desagradáveis, sejam sutis ou intensas, podem fornecer informações valiosas para você viver uma vida com mais bem-estar e melhores decisões? Será que seu corpo abriga emoções construídas a cada momento de acordo com seu nível de energia e estados de prazer ou descontentamento?

Com as diferentes modas ao longo da História em relação ao autoconhecimento, fica difícil distinguir conhecimento superficial de uma experiência genuína. Não tenho a pretensão de ser o mensageiro da verdade ou do que é certo, mas algo mudou profundamente em mim nos últimos anos, e busco entender o que me levou a pesquisar para escrever este livro. Preso no meu apartamento durante a pandemia e a quarentena, de repente comecei a sentir, entre muitas outras coisas, que estava faltando algo essencial. **Aprender a sentir o que eu sentia. A experiência da minha experiência. Ouvir, registrar e entender meu corpo.**

Seu cérebro tem três vezes mais neurônios que nosso primo mais próximo, o chimpanzé. Oitenta e seis bilhões de neurônios com cem trilhões de conexões entre eles. Embora a coisa mais extraordinária que você possui esteja dentro da sua cabeça, 75% a 80% do seu cérebro é composto de água, e o restante, principalmente, de gordura e proteínas. É impressionante que três substâncias tão básicas possam se unir de uma forma que permita que você seja quem você é, não?

Uma das coisas que mais me surpreendem no cérebro é que tudo o que você sabe sobre o mundo é viabilizado a você por "algo" que nunca viu o mundo. Seu cérebro existe no silêncio e na escuridão, além de não possuir receptores de dor, ou seja, ele não experimenta sensações. Nunca sentiu o sol ou o vento. Para o seu cérebro, o mundo é apenas um monte de impulsos elétricos, como uma espécie de código Morse. Partindo dessas informações neutras e básicas, o maravilhoso mundo das sensações é criado. Você, quieto, sentado aí, sem fazer nada, e em trinta segundos seu cérebro decifra e processa mais informações que o telescópio espacial Hubble interpretou e processou em trinta anos. Um pequeno pedaço do seu córtex, do tamanho de um grão de areia, contém 2 mil *terabytes* de informação. Algo como 1,2 bilhão de cópias deste livro. De acordo com um artigo publicado na prestigiada revista *Nature Neuroscience*, estima-se que todo o seu cérebro talvez contenha cerca de duzentos *exabytes* de informação, o que equivaleria ao total do conteúdo digital que existe hoje no mundo. Seu cérebro também tem muita fome. Embora represente 2% do seu peso corporal, utiliza 20% da sua energia. Em um recém-nascido, é responsável por 65% do consumo. É por isso que os bebês dormem tanto e têm tanta gordura corporal. Seus cérebros, que comem e crescem, os deixam exauridos e usam essa gordura como reserva de energia. Embora seja o órgão mais importante e consuma muita energia, o cérebro também é muito eficiente. Necessita apenas de quatrocentas calorias por dia. Dois pães na chapa.

Ao contrário das outras células do corpo, tipicamente compactas e esféricas, os neurônios são bem diferentes. Longos e fibrosos, o que permite a passagem mais eficiente dos impulsos elétricos entre eles. Seu principal prolongamento é conhecido como axônio. Ao fim dele, estendem-se ramos chamados dendritos. Um neurônio pode somar até 400 mil dendritos. E os pequenos espaços entre os neurônios são conhecidos como sinapses. Cada um dos seus neurônios se conecta a milhares de outros neurônios, oferecendo trilhões e trilhões de conexões possíveis. O neurocientista David Eagleman afirma que existem mais conexões em um centímetro cúbico de tecido neuronal que estrelas em toda a Via Láctea. O engraçado sobre o cérebro é como ele é desnecessariamente grande. Para sobreviver na Terra, você não precisa ser Picasso ou Da Vinci, basta ser mais inteligente que outros quadrúpedes. Por que, então, investimos tanta energia e riscos na produção de uma capacidade mental de que não precisamos? Seu cérebro nunca responderá a essa pergunta.

Considerando tudo o que já foi estudado sobre o cérebro ao longo dos anos, é incrível o que ainda não sabemos sobre ele ou, ao menos, o que a ciência não corrobora. Por exemplo: o que é consciência? Ou o que, exatamente, é um pensamento?

"Pensar" é seu talento mais milagroso e vital; entretanto, em termos fisiológicos, não sabemos exatamente *o que é pensar*. Leva tempo para seu cérebro se formar por completo. O cérebro de um adolescente está 80% formado e só amadurece totalmente aos vinte e poucos anos. Apesar disso, a maior parte da formação cerebral ocorre em nossos dois primeiros anos de vida. Ele também é um dos órgãos mais vulneráveis. Embora permaneça sob a confortável proteção do crânio, é suscetível a danos quando fica inflamado devido a infecções, quando é invadido por algum fluido, por exemplo, de uma hemorragia interna, uma vez que esse material externo não tem por onde sair. Isso resulta na compressão do cérebro, que pode ser fatal. Você também pode se ferir se for atingido repentinamente no crânio, por exemplo, em uma queda ou um acidente de carro. Você tem uma fina camada protetora de líquido nas meninges, que é a membrana mais externa do cérebro.

No entanto, seu cérebro é bastante vulnerável a suas próprias tempestades internas. Acidentes vasculares cerebrais — a segunda causa de morte mais comum no mundo — e convulsões. Curiosamente, a maioria dos outros mamíferos não sofre desse tipo de acidente, algo que permanece um mistério. Seu cérebro é um lugar desconcertante e maravilhoso. Nada sobre ele é simples. Até mesmo ficar inconsciente é complicado, como quando estamos dormindo, anestesiados ou espancados. Você pode estar em coma, de olhos fechados e totalmente inconsciente; em estado vegetativo, de olhos abertos e inconsciente; ou em parte consciente, ocasionalmente lúcido, mas confuso ou inconsciente por muito tempo.

Outra coisa inesperada a respeito do seu cérebro é que hoje ele é bem menor do que há 10 mil anos. Um cérebro normal encolheu de 1.500 para 1.350 cm^3. Como se fosse retirado dele o equivalente a uma bola de tênis. Não é fácil explicar por que isso aconteceu simultaneamente em todo o mundo, como se tivéssemos concordado em fazê-lo. Presume-se que, com essa redução, o cérebro tenha se tornado mais eficiente, acumulando mais informações e desempenho num espaço menor. O mesmo que aconteceu com os smartphones. Mas ninguém conseguiu provar isso. Ao mesmo tempo que isso acontecia, nosso crânio ficou mais fino. Ninguém pode explicar isso também. É possível que ter um crânio menos robusto devido a um estilo de vida mais ativo tenha tornado desnecessário um osso craniano tão duro. Ou ainda, simplesmente, pode ser que não sejamos hoje o que éramos anteriormente.

Seu cérebro se estende até os dedos das mãos e dos pés por meio dos sistemas nervoso central, autônomo e periférico. O objetivo do cérebro e do sistema nervoso é ajudar o organismo a permanecer em equilíbrio com seu ambiente. Se o cérebro se estende até os dedos das mãos e dos pés, então seu corpo desempenha um papel crucial na resposta aos sinais sociais e às suas respostas emocionais. A maior parte do seu cérebro é dedicada a atividades não verbais e não analíticas, sem processamento racional, embora dependa do seu corpo.

Como você sabe, se leu meu livro anterior, *En el limbo*, nos últimos anos fiquei cada vez mais interessado pelo universo das emoções. Não apenas em minha vida, mas no relacionamento com meus clientes, alunos, familiares e amigos. Melhorar a inteligência emocional intrapessoal e interpessoal — esta última também conhecida como inteligência social — gera um grande impacto, tanto na tomada de decisões quanto no seu bem-estar e no das pessoas ao seu redor. Porém, muitas pessoas ainda duvidam dessas habilidades que temos e que podemos desenvolver em qualquer idade. Resumidamente, essa inteligência é a sua capacidade de estar consciente e gerir suas próprias emoções e humores para agir de forma eficiente em benefício da sua vida — e da vida daqueles que te rodeiam.

Mas as emoções estão no seu cérebro ou no seu corpo? Ou em ambos? É importante responder a essa pergunta? O cérebro faz parte do seu corpo ou o seu corpo faz parte do seu cérebro?

Como já comentei, durante a pandemia, e no meu caso durante a quarentena, comecei a me interessar pelo corpo e sua conexão com o cérebro. De repente, trancado em casa, me *dei conta* — minhas duas palavras favoritas quando estão juntas — de que tinha vivido quase toda a minha vida na minha cabeça. Meu corpo... O que acontecia no meu corpo? Qual é a relação dele com o meu cérebro, com a minha cabeça? E não pela estética, pela saúde ou forma física. Comecei a prestar atenção às sutilezas dos diferentes estados do meu corpo, nos humores que influenciavam meus órgãos e vísceras, mesmo em equilíbrio, e, acima de tudo, a como eu respondia ou reagia às pequenas variações durante o dia e a noite. **Minhas sensações.** O corpo como órgão sensorial. A capacidade de *sentir* a mim mesmo. Sentir movimentos, temperaturas, pressões, humores, respiração, energia e onde estão ocorrendo. Estar consciente, ou cada vez mais, de todas as minhas sensações e emoções em um nível muito sutil e delicado, em detalhes.

Garanto que essa jornada introspectiva e profunda permitirá que você acrescente à sua inteligência conceitual — quem você é e qual história conta sobre si mesmo — uma inteligência sensorial que engloba seus sentidos internos e externos e sua inteligência emocional.

Suas posturas, gestos, movimentos e sensações internas influenciam, afetam e impactam quem você é, como pensa, como se sente e tudo o que faz na sua vida. Mas, atenção, você deve estar ciente de que algumas partes do seu corpo (que você ainda não descobriu e está se preparando para fazê-lo) podem ser um local de potencial desconforto. E esses desconfortos podem se manifestar não apenas no corpo, mas também na sua mente, em seus pensamentos, inclusive gerando atritos com seus entes queridos. Para mim, vale muito a pena, pois tudo o que há de inexplorado em você é ou se tornará uma espécie de obstáculo à sua harmonia.

ZensorialMente é o meu convite para essa jornada interna que talvez permita ou ajude a responder como você pode alcançar, com maior clareza e comprometimento, o que é necessário para viver uma vida com mais sentido, contribuindo com algo que realmente importe para você.

O fato de **querer** fazer essa viagem comigo vai ajudar você a concentrar sua energia sem te deixar tenso ou estressado. Quero que você ***busque querer*** conhecer mais e melhor a si mesmo e à sua capacidade sensorial; o que seu corpo diz a você, mas sem o componente de tensão de que "você precisa fazer", "rápido e bem". Que seu estado de bem-estar e felicidade não dependa da concretização de seus objetivos futuros.

Você, seu corpo, mente e cérebro são como um rio em constante movimento e mudança, e cabe apenas a você dar a direção ao canal para que a água viaje para um local de maior liberdade e bem-estar. Estou convencido, porque vivi isso; e conhecer em profundidade os aspectos claros e obscuros de seu corpo dará a você mais espaço para canalizar essa corrente. Descobri que, ao abraçar essa mudança, consegui alcançar estados de felicidade mais plenos ao longo do tempo. Aceite e não rejeite, acolha-a, mas não se apegue a ela. Também descobri que, durante essa busca, há possíveis dores, coisas que "não estavam certas" para mim. Quanto maior for a sua inteligência sensorial, mais fácil será para você perceber que às vezes é normal "não estar bem". *Dar-se conta* não melhora automaticamente as coisas, mas pelo menos você vai parar de adicionar estresse a uma situação ou evento em um momento difícil.

Depois de muitos anos de busca interna, fundamentada nas ciências biológicas e em dados publicados, acredito que **você não é** um cérebro que tem corpo, mas **um corpo que contém um cérebro**. E as **sensações** são o aspecto mais fascinante e menos compreendido do seu sistema nervoso. Sentir e mover-se é o **eixo comum** que todos os humanos têm como espécie, uma vez que grande parte do seu cérebro é dedicada a sentir e mover-se. *ZensorialMente* é a concretização dessa investigação pessoal de mais de três anos com o meu próprio corpo, mente e cérebro, acompanhada, claro, pelas ciências biológicas que se dedicam a compreender como somos, quem somos e como nos sentimos.

ZensorialMente é, portanto, a fonte de conhecimento científico para você aprender a usar seu corpo como ferramenta de autoconhecimento e assim fortalecer sua inteligência sensorial. Seu corpo e, portanto, seu cérebro. Seu corpo, suas sensações e seus constantes movimentos internos e externos trarão o desenvolvimento de sua inteligência sensorial. Convido você, durante a leitura, a se comprometer com seu corpo. Isso significa praticar os exercícios que ofereço e avaliar se fazem sentido para você. Ou seja, **compreender, sentir e agir ao mesmo tempo**. Não tenho dúvidas de que, se você alcançar um maior desenvolvimento sensorial, compreenderá com mais clareza o que realmente importa para você e, ao mesmo tempo, tomará atitudes relevantes para atingir seus objetivos. Maior resiliência, maior empatia, melhores decisões, sabedoria mais profunda e mais poder de liderança.

Quando você consegue fortalecer todas as suas inteligências, pode agir com o máximo de informações disponíveis. Desenvolver o poder de compreender e distinguir as sensações mais sutis do seu corpo permitirá que você entre em um estado de **calma atenta**, no qual suas ações serão guiadas mais pela intuição e suas sensações que por seu esforço consciente. Esse é um estado **zen**.

Por fim, ao longo de *ZensorialMente*, utilizarei o verbo "sensar". Embora esse verbo, escrito com "s", não conste do dicionário, isso não significa que ele não exista. *Sensar* é e será, para o propósito deste livro, "medir uma ou mais condições".

O livro está dividido em capítulos representados por cada uma das características que permitirão a você *sensar* mais facilmente uma sensação. Energia, tensão, lugar, respiração, temperatura e movimento. Aproveitarei cada capítulo para viajarmos juntos por dentro do seu corpo e sentidos, órgãos, vísceras e sistemas que fazem parte da sua inteligência sensorial; vamos entender como se relacionam com o seu cérebro. O funcionamento do seu sistema nervoso e a maneira como ele nutre ou drena sua energia; seus músculos e como eles se relacionam com seu sistema nervoso para sustentar seu corpo; seus pulmões e o impacto deles em suas emoções e bem-estar ao respirar; seus intestinos e os habitantes microbianos deles, contendo um sistema nervoso quase independente; seu coração, sua pele; e como e por que tudo (e você) se move também. Tudo isso conectado com a relação íntima que existe dentro de você, com o formato do seu corpo, com seu modo de pensar, com o que você sente e com a maneira como você faz as coisas.

Antes de nos lançarmos nessa aventura, deixo para você refletir:

> SE A OBJETIVIDADE DA CIÊNCIA É UMA IDEIA NOBRE, MELHOR É VALORIZÁ-LA RECONHECENDO A HUMANIDADE DOS CIENTISTAS COM SUAS LIMITAÇÕES E NUNCA PRESUMIR QUE A CIÊNCIA É O ÚNICO ACESSO À VERDADE.
> **RUPERT SHELDRAKE**

CAPÍTULO 1
INTELIGÊNCIA SENSORIAL

Pare de pensar no que você gosta.
Se procurar apenas por suas preferências, não conseguirá ser feliz.
FILOSOFIA ZEN

Encontre você (em algum lugar)

Quaisquer hábitos diários que você tenha, bem como o estresse ou certos traumas vivenciados, podem fazer você perder o contato com suas sensações e emoções e com a maneira como seu corpo se move, sente e age. Quando sua atenção é absorvida por seus pensamentos, julgamentos, **expectativas** e outros fatores estressantes, você fica sem tempo para prestar atenção a si mesmo. Não seria uma surpresa você perder o contato consigo mesmo. A menos que você seja um monge budista ou more perto do mar, das montanhas, ou pratique regularmente o autoconhecimento do seu corpo, é muito provável que viva em um mundo social complexo, com responsabilidades, reuniões e preocupações. O surpreendente mesmo é notar que, quando você perde a atenção, também perde uma vida emocional equilibrada, uma melhor saúde física e uma sensação de bem-estar. Desenvolver sua inteligência sensorial significa justamente a capacidade de prestar atenção a si mesmo, às suas sensações e emoções, a como você se move no momento presente, mas sem a influência de seus pensamentos críticos.

Sua inteligência sensorial é a soma da sua inteligência emocional, ou do grau de autoconhecimento que tem sobre suas emoções, com o que você sabe sobre seus sentidos externos (visão, audição, paladar, olfato, tato), seu senso de propriocepção (equilíbrio, seu corpo no espaço) e seus sentidos internos ou interoceptivos. Em *ZensorialMente* me dedicarei mais profundamente a estes dois últimos, ou seja, ao que acontece no seu corpo.

Na verdade, em *ÁgilMente* (2012), tentei contar como a ciência mostra que, não importa quantos anos tenha, você sempre pode ser mais criativo. Então, com *EnCambio* (2014), expliquei que seu cérebro pode conseguir uma melhoria em seu desempenho crescendo, adaptando-se, reinventando-se e desenvolvendo-se. Em outras palavras, ele pode mudar para que, em última análise, você mude. Você pode conseguir isso através de uma combinação das expectativas que cria para si mesmo — *seu futuro* — com as **experiências** que você teve em sua vida — *seu presente e passado* —, multiplicadas pela **densidade da atenção positiva** — *em que, como e o quanto você presta atenção* —, multiplicada pelo **poder de veto** — *sua capacidade consciente de decidir NÃO fazer algo que o cérebro involuntariamente decidiu fazer*. Mais tarde, em *En el limbo* (2020), escrevi que, para a biologia cerebral moderna, as emoções dependem de três elementos: **interocepção**, que são as áreas interoceptivas do seu cérebro, como a ínsula, que recebem informações e interpretam o que acontece, segundo a segundo, no seu corpo; suas **experiências passadas** (seus pensamentos), que influenciam o modo como você interpreta e dá sentido às circunstâncias e aos acontecimentos que ocorrem em sua vida; e o seu **contexto** (juntamente com sua cultura), o que o rodeia enquanto você passa por determinada situação. Neste último modelo, as emoções emergem, portanto, quando você dá **sentido** — com seus pensamentos, quase sempre de forma não consciente — às **informações internas do seu corpo** — interocepção — e às **do mundo ao seu redor** — contexto —, utilizando conhecimentos fundamentados em **suas experiências anteriores** — experiências passadas. Esses três livros tinham como eixo comum o seu cérebro, esse que está na sua cabeça. Em *ZensorialMente,* estou convidando você a descer até o seu corpo. Na verdade, seu cérebro está distribuído por todo o corpo e também fornece a você informações vitais para tudo o que decide fazer, sentir e pensar.

Vou explicar a você, então, o que é cientificamente considerado a base que permite construir suas emoções: **a interocepção**, seus sentidos interoceptivos. Novamente, esta é **a representação em seu cérebro de todas as sensações de seus órgãos e tecidos internos**. Ou seja, para compreender e registrar sua interocepção, você precisa sentir e perceber as sensações no seu corpo. Em resumo, as sensações do seu corpo são registradas pelos sentidos internos ou interoceptivos, e essa é a base, de acordo com seus estados de prazer/descontentamento, alta/baixa energia, para a criação das suas emoções. **As sensações, protagonistas deste**

livro, são os dados brutos que, uma vez interpretados (com seus pensamentos) por seu cérebro, esteja você consciente ou não de que está fazendo isso, fazem surgir suas emoções.

Sensações > Interocepção > Emoções

Pesquisas indicam que, se consegue fortalecer o poder de distinguir e *sensar* suas sensações, você desenvolve conexões maiores nas áreas interoceptivas do seu cérebro e, consequentemente, melhora a inteligência emocional. Ou seja, ao desenvolver maior inteligência sensorial, você também estimula sua inteligência emocional.

Em suma, quando aprende a *sensar* as informações que os sentidos internos lhe fornecem, você, fortalece a base para o desenvolvimento do seu autoconhecimento ou *inteligência* sensorial. Quero deixar claro que, ao longo destas páginas, utilizarei as palavras *inteligência* ou *autoconhecimento* de maneira complementar, visto que, quanto mais conhece um aspecto seu, mais inteligente você é.

Alguns exemplos de seus ***sentidos interoceptivos*** são a tensão dos músculos, o movimento dos intestinos, a frequência da respiração, a temperatura da pele, os batimentos cardíacos, o estado energético etc. Entenda que, para estudá-los, você deve aprender e compreender seus músculos, pele, coração, intestinos, pulmões, seus diferentes sistemas nervosos — e é isso que você fará a partir do próximo capítulo e ao longo deste livro.

Por outro lado, para fortalecer sua compreensão e conexões neurais envolvidas em seus sentidos interoceptivos, é fundamental que você consiga distinguir **suas sensações**. Você fará isso praticando e treinando a identificação de suas diferentes características, semelhante à forma como podemos lidar com as emoções, caracterizadas pelos estados de prazer/descontentamento e alta/baixa energia. No caso das sensações em seu corpo, as características que você *sensar* posteriormente no livro serão:

Característica 1: **Energia**

Desligada — Letárgica — Relaxada — Energizada — Intensa — Frenética

Característica 2: **Tensão**

Intensa ········ Densa ········ Contraída ········ Leve ········ Arejada ········ Espaçosa

Característica 3: **Lugar**

Cabeça | Rosto | Mandíbula | Garganta | Peito | Abdômen | Braços

Mãos | Pescoço | Ombros | Omoplatas | Costas | Pelve | Pernas | Pés

Característica 4: **Respiração**

1 Rápida — Dinâmica — Apressada — Pausada — Devagar — Lenta

2 Superficial — Visível — Profunda

Característica 5: **Temperatura**

Gelada — Fria — Fresca — Normal — Morna — Quente

Característica 6: **Movimento**

Pulsante | Vibrante | Formigante | Latejante | Estático

Silencioso — Tranquilo — Descansado — Impulsionado — Estimulado — Acelerado

Para que você possa compreender a natureza de suas experiências internas e desenvolver sua capacidade emocional, sem necessariamente reagir ou se sentir sobrecarregado pelo que sente, é fundamental **não julgar** o que está sentindo ao *sensar* as sensações em seu corpo. Seria algo como relaxar sua "mente julgadora e analítica" para realmente sentir o que está acontecendo em seu corpo, aqui e agora. A má notícia é que às vezes você pode não gostar do que está sentindo.

Nesta viagem você também aprenderá o seu senso de **propriocepção**, ou seja, a experiência de se conhecer por meio do movimento do seu corpo, de descobrir e entender sua posição no tempo e no espaço. Sua interocepção é integrada à propriocepção por meio de nervos (neurônios interconectados) que percorrem a medula espinhal, o cérebro e o corpo. Ambos os sentidos, pouco estudados na educação formal, são fundamentais para sentir o que se sente a cada minuto, a cada hora, a cada dia.

Como você aprenderá sobre seus sentidos proprioceptivos e interoceptivos, vou convidá-lo, conforme já comentei, a trabalhar com (sobre) seu corpo. Para isso, é muito importante que você saiba que muitas das suas sensações têm a ver com a forma como sua mente as percebe. Além disso, é fundamental compreender que, embora cérebro e corpo estejam interligados, é natural que seu corpo responda ao ambiente externo, bloqueando, contraindo ou desequilibrando os músculos e repetindo hábitos pouco saudáveis quando você o estressa, usa-o incorretamente ou quando se sente ameaçado física ou mentalmente. Ou seja, muitas vezes o que você sente ou não consegue sentir ocorrerá devido a esse bloqueio. E talvez isso possa durar a vida inteira.

Seu corpo também se lembra de maneira mais intensa e implícita (sem que esteja consciente) de sensações, emoções e memórias quando você se sente vulnerável, motivado ou emocionalmente tocado.

Outra informação fundamental para o fluxo da sua leitura é lembrar-se de que seu corpo muda o tempo todo, é flexível e moldável. Suas experiências no corpo são transitórias, não duram muito. Até a dor é passageira. Seu corpo foi, é e muitas vezes será capaz de se reparar e se curar. Para mim, ele é nosso lugar de transformação mais importante. Finalmente, a sabedoria do corpo surge quando você o trata com gentileza, curiosidade e paciência. Que tal tentar tratá-lo assim? O que você pensa sobre se tratar assim? Espero que aprenda, como eu aprendi, a prestar atenção em si mesmo de maneira mais completa, a se encontrar ou se redescobrir.

Exercício

Estados energéticos

Ao refletir a respeito do seu dia, é muito provável que você reconheça momentos de maior energia, como estar atento e pronto para lutar ou fugir de algo (estado 1); equilibrado ou com energia média, predisposto a enfrentar os desafios da vida (estado 2); ou diretamente abatido, quase sem energia (estado 3), sem vontade de se mover, de enfrentar nada, congelado. O "sabor" geral do seu dia é resultado das contribuições de cada um desses estados energéticos. Use o gráfico para visualizar o sabor energético do seu dia. Você pode usar três cores ou apenas os números 1, 2 e 3 para dividir o círculo em partes, ajustando o tamanho de cada uma para representar quanto tempo passou nesses estados: energizado, equilibrado ou abatido. Qual é o tamanho de cada porção? Depois de dividir o círculo, preencha cada parte com palavras, formas ou mais cores para ilustrar sua experiência nesse estado. O fim do dia é um bom momento para refletir sobre isso. Mais adiante você aprenderá detalhadamente sobre esses estados de energia e como equilibrá-los.

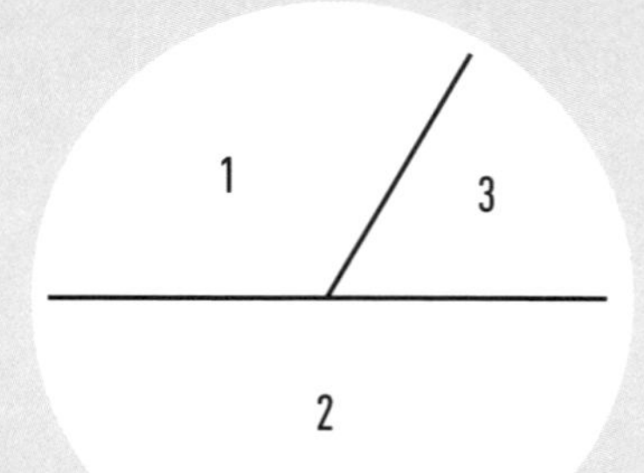

Exemplo do meu dia hoje

Sua vez

Conceitual *vs.* sensorial

Certamente, várias vezes na sua vida, você se perguntou: *Como estou me sentindo?* E já te perguntaram: *Como você se sentiu?* E imediatamente, sem saber, você desencadeou em sua mente uma busca por conceitos associados com o objetivo de que seu cérebro, seu órgão mais precioso, compare suas reações com outros momentos semelhantes da sua vida para descrever em palavras a resposta àquela pergunta: *Me sinto bem, me sinto calmo, estou um pouco ansioso* ou simplesmente: *Não sei.*

Vamos distinguir dois tipos de inteligência: uma é **conceitual**, baseada no que você pensa a respeito de si mesmo. Use sua linguagem, símbolos racionais, lógica e explicações abstratas que transcendem o presente. Nessa inteligência, você emprega evidências, criadas pela sua mente, para interpretar o que você é: fatos, detalhes, informações narrativas, perspectiva, insights a partir do que diz a si mesmo, ideias. A outra inteligência é **sensorial**. Sentir vem do latim, *sentire*. Originalmente o termo se referia à audição, mas depois passou a representar a percepção de todos os sentidos. Sua percepção ocorre quando você adquire conhecimento de algo por meio das impressões que seus sentidos comunicam. Envolve experimentar sensações produzidas por causas externas ou internas.

Como falei na introdução, *sensar* é um verbo que não existe no dicionário, mas isso não significa que ele não exista. *Sensar* é "medir uma condição". Sentir: sentidos, sensações e sentimentos. Sua inteligência sensorial é aquela ligada aos seus órgãos dos sentidos internos — interocepção —, como estes se relacionam com o exterior — propriocepção; você com seu mundo externo [exterocepção] e suas emoções. Sua inteligência sensorial é a experiência da sua experiência. Baseia-se em sensações, emoções, ações espontâneas, na sua criatividade, viver o presente. Quanto mais você a desenvolve, menos preconceitos sua mente terá para perceber o mundo como ele é. Como já disse a você, suas sensações são os dados brutos que seu corpo fornece, segundo a segundo, ao seu cérebro.

Estou convencido de que, na maioria das vezes, nem você, nem eu, nem muitos de nós sabemos identificar esses dados brutos, ou seja, sentir o que sentimos. Você vai melhorar se estiver disposto a realizar os exercícios com disciplina, perseverança e comprometimento, utilizando as diferentes características das sensações que acabamos de descrever: energia, tensão, lugar, temperatura, respiração e movimento. Outra maneira de observar isso é compreender que seu autoconhecimento sensorial fornece informações para seu autoconhecimento conceitual: narrar o que ocorre usando as sensações que seu corpo proporciona a você. Em outras palavras, você usa os dados das suas sensações para construir o que diz sobre si mesmo.

Sua inteligência sensorial =
inteligência emocional + exterocepção +
propriocepção + interocepção

Inteligência sensorial
+ inteligência conceitual
= inteligência integral

Zen

Nos últimos séculos, as pessoas não se acostumaram a pensar em seus corpos como uma fonte ativa de significado.
DON JOHNSON

Você é uma daquelas pessoas que tendem a confiar em revistas, blogs, gurus e até mesmo em cientistas que falam sobre seu estilo de vida e dizem a você como viver e ser feliz? Pensa que essas pessoas sabem do que você precisa? Pensa que *ZensorialMente* sabe do que você precisa? Você considera a fonte, a intenção ou o significado de longo prazo do que está lendo ou ouvindo? Lembre-se de que estas páginas também são um convite para você duvidar de tudo e todos, e para explorar mais profundamente sua própria experiência do que acontece com você. E agora, quando começo a falar sobre filosofia Zen e faço uso da palavra chacra, alguns fãs fervorosos das ciências exatas ficarão tentados a parar de ler ou a pular esta parte. Espero que você não faça isso.

A filosofia Zen é um derivado do ensinamento budista. É simplesmente a arte do autoconhecimento: a capacidade de reconhecer suas próprias sensações, emoções, pensamentos e comportamentos, bem como de compreender como eles estão relacionados entre si. Essa filosofia nunca dirá o que você deveria sentir ou no que acreditar, ou como você deveria ser, ou o que deveria fazer. Ela simplesmente mostra como estar consciente da sua experiência e como viver completamente imerso nela. Ser uma pessoa zen significa manter a mente aberta e uma atitude de aceitação em relação às coisas que você vivencia. Você gostaria de tentar ser uma pessoa mais zen? Você se considera uma pessoa de mente aberta? Não responda rapidamente. Pense nisso por dois ou três dias. Quem, em seu círculo íntimo, tem a mente mais aberta e quem tem a mais fechada?

Onde você se situa entre esses dois extremos? O fato de você ser assim em relação à sua mente vem de onde?

Embora "ser mais zen" não faça com que você evite situações difíceis e dolorosas, realizar um pequeno ritual para ter um momento zen diariamente pode ensinar você a ver as coisas sob outra perspectiva. Esse foi um dos propósitos fundamentais que me motivaram a escrever *ZensorialMente*. Não quero que você se torne uma pessoa zen; eu também não sou. Convido você a observar e a ver a si mesmo sob outra perspectiva, de forma a ampliar as informações que tem sobre si mesmo; não partindo do que diz a si, mas do que seu corpo sente. Do sensorial.

A seguir, compartilho quatro dos ensinamentos da filosofia zen e convido você a explorá-los neste livro a partir de uma perspectiva mais biológica. Não porque seja uma visão superior, melhor ou mais "verdadeira", mas simplesmente porque essa é a minha visão, a minha profissão e aquilo que me dedico a estudar, a divulgar e a experimentar comigo mesmo. Por favor, duvide de tudo.

1. Sua experiência é constituída pela sua mente. Na verdade, as percepções da sua mente criam suas experiências. Mesmo apesar de sua boa disposição, você pode criar uma experiência diferente simplesmente mudando e escolhendo no que focar, em que prestar atenção.
2. O conceito de "si mesmo" também é uma ilusão e uma construção. "Quem você é" é uma energia. É por isso que é tão difícil explicar você para você mesmo. Você é mais que as definições e as crenças limitantes fornecidas por seus hábitos repetitivos, seus trabalhos e papéis desempenhados.
3. Você não precisa acreditar em nada. Só precisa seguir o que parece verdadeiro no momento. Quando você adere a certa forma de pensar (sistema de crenças) estabelecida pelos ensinamentos de

outras pessoas (por exemplo, seus pais), começa a confiar mais nisso que em si mesmo. Isso pode confundi-lo e fazê-lo hesitar entre o que você acredita ser o certo e o que sente ser a verdade.

4. O último caminho para a felicidade é o desapego. As coisas "ruins" ensinam você e mostram como melhorar para se abrir ainda mais para as coisas "boas". Simples assim.

Exercício
Resolver um conflito

Pense em um problema que você tenha enfrentado, uma decisão difícil de ter tomado ou um hábito que foi complicado de abandonar. Ao pensar sobre isso, liste cinco maneiras possíveis de resolver essa questão. Identifique pelo menos três prós e três contras em cada resposta.

Esse exercício básico de resolução de problemas fortalece as áreas de equilíbrio emocional do seu cérebro, mesmo quando você não consegue encontrar uma solução. O simples envolvimento nesse tipo de embate mental e emocional fortalece uma área do cérebro conhecida como cingulado anterior. Ao fazer isso, com o tempo, você se tornará um solucionador de problemas ainda melhor.

Problema:

Solução 1	
PRÓ	CONTRA
PRÓ	CONTRA
PRÓ	CONTRA

Solução 2	
PRÓ	CONTRA
PRÓ	CONTRA
PRÓ	CONTRA

Solução 3

PRÓ	CONTRA

PRÓ	CONTRA

PRÓ	CONTRA

Solução 4	
PRÓ	CONTRA
PRÓ	CONTRA
PRÓ	CONTRA

Solução 5

PRÓ	CONTRA

PRÓ	CONTRA

PRÓ	CONTRA

Escâner corporal

Esquentando motores. Você quer tentar a seguinte investigação? Quero que feche os olhos e *pense* no seu músculo trapézio. É aquele atrás do pescoço, na parte superior das costas. Que pensamentos surgem? O que você diz a si mesmo ou conta sobre seu trapézio? Agora quero que você o toque com as mãos, o aperte e o acaricie. Sempre com os olhos fechados. No que você está pensando enquanto o toca? Por último, agora tente *sentir* o trapézio. Não pense nele, sinta-o. É mais difícil, não é? Uma dica: com os olhos fechados e respirando primeiro profundamente duas ou três vezes e com muita calma, sinta a tensão em seu trapézio. Rígido? Relaxado? Leve? Tenso? Se você for como eu, ao nomear os níveis ou graus de tensão daquele músculo, você poderá senti-lo melhor, com mais clareza. Você para de pensar no seu trapézio e consegue senti-lo.

Esse exercício em si é uma prática de meditação. Devido à minha experiência pessoal e investigação científica, não tenho dúvidas sobre o impacto que a meditação tem no desenvolvimento da inteligência sensorial e, portanto, sobre quão benéfica ela é para a saúde mental, emocional e física. Como qualquer método, técnica ou filosofia de vida, para mim, a chave do quanto isso vai ajudar você na sua vida está diretamente relacionada a quem vai ensinar você a fazer, seja uma pessoa, um aplicativo, um livro ou um vídeo.

Ao longo de *ZensorialMente*, vou convidar você a praticar uma série de exercícios, como esse do trapézio, para que você possa ter mais consciência do seu corpo e *sensar* suas sensações e as informações internas que seus órgãos e vísceras guardam e comunicam ao seu cérebro, segundo a segundo. Mas tenha cuidado, não sou um instrutor de meditação — nem perto disso. Se você está interessado em praticar de forma mais eficaz e progredir mais rapidamente no aprendizado de como *sentir o que sente*, você deve mergulhar mais fundo no mundo da meditação.

Neste livro ofereço exercícios que podem fazer uma grande diferença, mas para muitos, inclusive eu, isso não é suficiente. A meditação envolve práticas para alcançar um estado profundo de atenção plena. Elas existem desde a Antiguidade e fazem parte da cultura de muitas civilizações. Na próxima seção, resumirei várias das mais conhecidas e algumas que passaram pelo filtro das evidências científicas para que você encontre as que mais lhe convêm. Por minha experiência e para aprimorar os exercícios deste livro, minha recomendação é a meditação mindfulness, ou talvez alguma meditação guiada de varredura corporal. Se você quiser ir realmente a fundo, o curso *vipassana* de dez dias de meditação silenciosa é um caminho maravilhoso. É gratuito e acontece em diversas partes do mundo (dhamma.org).

- *Meditação mindfulness:* acima de tudo, busca atingir um estado de atenção plena no qual você está intencionalmente atento a tudo o que faz e sente, sem julgar nada do que vivencia internamente. Estar plenamente consciente do que você pensa e sente.

- *Meditação guiada:* você é orientado por um especialista. Principalmente se você é iniciante, alguém que oriente a meditação, seja pessoalmente ou por áudio, é uma boa forma de ter certeza de que você vai meditar corretamente.

- *Meditação vipassana:* o principal objetivo é induzir você à introspecção, fazendo-o conectar-se com sua mente, eliminando pensamentos negativos e vendo as coisas como elas são. É complexo, por isso recomendo fazer outras meditações previamente, como a atenção plena, na qual você aprenderá a controlar sua respiração e a silenciar certos pensamentos para promover a introspecção.

- *Meditação zen:* pratica-se sentado, com a particularidade de essa postura ser mais rigorosa que em outras práticas de meditação. Coluna completamente reta, queixo abaixado em direção ao chão, olhos abertos focados no chão e mãos na barriga. É recomendada se você já tiver alguma experiência em meditação.

- *Meditação mantra:* conhecida como meditação sonora primordial. É baseada em mantras, um tipo de canto recitado como um mecanismo para alcançar um estado meditativo profundo. A vibração das cordas vocais pela recitação dos mantras e a forma como as ondas sonoras chegam à sua mente permitem maximizar os benefícios da sua meditação.

- *Meditação metta:* conhecida como meditação da bondade amorosa. Procura, acima de tudo, promover a compaixão e a gentileza, duas ferramentas para melhorar seu relacionamento consigo mesmo e com todos ao seu redor. Muito positiva para estimular a empatia.

- *Meditação dos chacras:* baseia-se na estimulação dos chacras, pontos de energia que, segundo essa disciplina, se distribuem por todo o corpo. É uma meditação guiada que permite visualizar esses pontos que se expandem como espirais de energia, com a finalidade de melhorar o fluxo energético do corpo e estimular seu bem-estar físico e mental.

- *Meditação kundalini:* baseia-se na ativação da *kundalini*, uma forma de energia que, segundo quem pratica essa técnica, reside na base da coluna. Procura liberá-la para que ela suba pela espinha até o cérebro, entregando toda essa energia à sua mente.

- *Meditação tonglen:* sua peculiaridade é fazer com que você não fuja da dor ou silencie seus pensamentos negativos, mas que os enfrente, conectando-se com seu próprio sofrimento para mostrar que você é mais forte. Ajuda a lidar melhor com situações difíceis.

- *Meditação transcendental:* uma variação da meditação mantra. Baseia-se na recitação desses cânticos duas vezes ao dia, em sessões de vinte minutos.

- *Meditação budista:* tem como objetivo principal fazer você se concentrar no "aqui e agora". Por meio da atenção profunda à respiração, a prática leva você a viver o presente e a prestar atenção aos pensamentos, sensações e emoções vividos durante a meditação.

- *Meditação wicca:* origina-se de antigas tradições de bruxaria. A ideia é simular um ambiente dessas práticas pagãs. Altares, velas e incensos são usados no local para estimular o seu relaxamento. Independentemente da sua postura, você começa a visualizar as imagens que passam pela sua mente até se conectar consigo mesmo.

- *Meditação cabala:* conecte-se com Deus, não com você mesmo. Quem pratica essa meditação afirma visualizar Deus, a fonte do bem-estar emocional e o caminho para descobrir o que busca na vida.

- *Meditação dzogchen:* não exige que você se concentre na respiração ou nos mantras, mas que alcance um estado profundo de consciência do seu poder interior. Sempre em conjunto com a natureza, procura conscientizá-lo de todas as suas capacidades.

- *Meditação kinhin:* derivada da meditação zen, é praticada durante uma caminhada. Você anda em círculos no sentido horário, lentamente ou em ritmo acelerado.

Meditação

Escâner corporal, de Francisco Vanoni

Nestes QR codes você encontrará duas práticas de meditação com durações diferentes (aproximadamente 15 e 30 minutos). Também as deixo por escrito para você.

Sente-se em uma cadeira. Pés descalços no chão. Braços ao lado do tronco, ligeiramente afastados. Palmas das mãos voltadas para baixo.

Alinhe a cabeça com o restante do corpo, tendo como referência a ponta do nariz direcionada para a frente. Se precisar, apoie as costas no espaldar da cadeira.

Afaste os ombros das orelhas. As pernas ficam apoiadas sem fazer força nas solas dos pés. Feche suavemente os olhos ou, se preferir, deixe-os entreabertos durante a prática.

Faça três respirações profundas e lentas pelo nariz, enchendo primeiro o abdômen de ar, depois o peito e por fim a clavícula, expirando lentamente… bem devagar… pela boca…

Observe. A mente está onde o corpo está? Você consegue sentir seu corpo da cabeça aos calcanhares e da cabeça aos dedos dos pés?

Leve suavemente sua atenção para os dedos do pé direito... Não se trata de pensar nos dedos, movê-los ou imaginá-los. A proposta é tentar se conectar com as sensações nos dedos do pé direito… Temperatura, distância entre os dedos, pulsações, tremores, cócegas, tensão... Sinta cada um dos dedos. E, se você não sentir nada, apenas o fato de perceber que não sente já faz parte da prática.

Agora sinta o peito do pé direito. Depois, o arco, o calcanhar, a sola… Conecte-se com as sensações no tornozelo direito.

Está sentindo? A mente está onde o corpo está?

Agora sinta a panturrilha e a tíbia do lado direito... Temperatura, pulsações, tremores, cócegas, tensão.

Sinta a parte de trás e da frente do seu joelho...

Agora se conecte com os quatro lados da coxa direita: frente, costas, interior e exterior. Sinta seu glúteo e quadril direitos.

Sinta o lado direito da pélvis e o órgão reprodutor. Sinta o lado direito das vísceras, a barriga e as costelas.

Agora tente sentir o lado direito da cintura e da coluna lombar.

A mente está onde o corpo está? Você pode sentir, não pensar ou imaginar, mas sentir o corpo?

Respire muito profunda e lentamente pelo nariz e expire lentamente, muito lentamente, pela boca.

Agora se conecte com a omoplata direita e as costas do lado direito. O lado direito das vértebras dorsais. O lado direito do diafragma, do tórax, da clavícula e do esterno.

Sinta seu ombro direito. Existe tensão? Qual é a sensação de temperatura? A que distância ele está da sua orelha direita?

Sinta sua axila, o braço, o cotovelo, o antebraço e o pulso do lado direito.

Sinta a palma, as costas e cada um dos dedos da mão direita... Não se trata de pensar nos dedos, movê-los ou imaginá-los. Tente se conectar com as sensações nos dedos da mão direita. Temperatura, distância entre eles, pulsações, tremores, cócegas, tensão. Sinta cada um dos dedos.

Você está presente no presente? Você está sentindo seu corpo agora?

Agora tente sentir o lado direito da garganta e do pescoço. Sua garganta está tensa? Está fechada ou mais aberta? E o pescoço?

Sinta a corda vocal direita e a parte direita de cada uma das sete vértebras cervicais.

Conecte-se com as sensações da orelha e ouvido direito. Sinta o lado direito do seu couro cabeludo. Depois, o lado direito da testa, as sobrancelhas e a têmpora direita.

Sinta sua sobrancelha e os cílios direitos.

Sinta seu olho direito, a órbita ocular e a pálpebra direita.

Sinta o lado direito do septo e a narina direita.

Conecte-se com a temperatura da respiração nela. Está sentindo a respiração? Você está presente no presente?

Agora se conecte com as sensações no lábio superior e inferior do lado direito. Dentes, molares e palato do lado direito...

A língua do lado direito...

Conecte-se com o queixo e a mandíbula do lado direito... Procure estar presente no corpo, no rosto e em todas as sensações que surgirem do lado direito...

Respire profunda e lentamente pelo nariz e expire lentamente, muito lentamente, pela boca.

A seguir, descubra se você percebe diferenças nos apoios. O lado direito está apoiado como o esquerdo? Existe um lado mais ou menos apoiado? Mais ou menos tenso? Mais ou menos relaxado? Mais ou menos quente? Você consegue sentir o corpo neste momento e lugar?

Agora comece a chamar a atenção para os dedos do pé esquerdo. Lembre-se de que não se trata de pensar nos dedos, movê-los ou imaginá-los. A proposta é tentar se conectar com as sensações nos dedos do pé esquerdo. Temperatura, distância entre eles, pulsações, tremores, cócegas, tensão... Sinta cada um dos dedos. E, se você não os sentir, perceber que não os sente faz parte da prática.

Agora sinta o peito do pé esquerdo... O arco... O calcanhar... A sola...

Conecte-se com a sensação em seu tornozelo esquerdo.

Você está sentindo? A mente está onde o corpo está?

Agora sinta a panturrilha e a tíbia do lado esquerdo.

Sinta a parte da frente e a de trás do seu joelho.

Conecte-se com os quatro lados da coxa esquerda: frente, costas, interior e exterior.

Sinta seu glúteo e quadril esquerdos. Sinta o lado esquerdo da pélvis e o órgão reprodutor.

Sinta o lado esquerdo das vísceras, da barriga e das costelas.

Agora tente sentir o lado esquerdo da cintura e da coluna lombar.

A mente está onde seu corpo está? Você consegue sentir, não pensar ou imaginar, mas sentir o seu corpo?

Respire profunda e lentamente pelo nariz e expire lentamente, muito lentamente, pela boca.

Agora se conecte com a omoplata esquerda e as costas do lado esquerdo.

O lado esquerdo das vértebras dorsais. O lado esquerdo do diafragma, do tórax, da clavícula e do esterno...

Sinta seu ombro esquerdo. Existe tensão? Qual é a sensação de temperatura? A que distância ele está da sua orelha esquerda?

Sinta a axila, o braço, o cotovelo, o antebraço e o pulso do lado esquerdo...

Sinta a palma, as costas e cada um dos dedos da mão esquerda. Você está presente no presente? Você está sentindo seu corpo agora?

Conecte-se com as sensações nos dedos da mão esquerda. Temperatura, pulsações, tremores, cócegas, tensão… Sinta cada um dos seus dedos...

Agora tente sentir o lado esquerdo da garganta e do pescoço.

Sua garganta está tensa? E seu pescoço?

Sinta a corda vocal esquerda e a parte esquerda de cada uma das sete vértebras cervicais…

Conecte-se com as sensações na orelha e no ouvido esquerdo.

Sinta o lado esquerdo do couro cabeludo, o lado esquerdo da testa, as sobrancelhas e a têmpora esquerda.

Sinta a sobrancelha e os cílios esquerdos.

Sinta o olho, a órbita e a pálpebra esquerdas.

Sinta o lado esquerdo do septo e a narina esquerda.

Respire muito profunda e lentamente pelo nariz e expire lentamente, muito lentamente, pela boca.

Conecte-se com a temperatura da sua respiração. Consegue sentir a respiração? Está presente no presente?

Agora se conecte com as sensações no lábio superior e inferior do lado esquerdo.

Dentes, molares e palato do lado esquerdo. A língua do lado esquerdo.

Conecte-se com o queixo e a mandíbula do lado esquerdo. Procure estar presente no corpo, no rosto e em todas as sensações que surgem do lado esquerdo...

A seguir, descubra se você percebe diferenças nos apoios do encosto da cadeira. O lado direito está apoiado como o esquerdo? Existe um lado mais ou menos apoiado? Mais ou menos tenso? Mais ou menos relaxado? Mais ou menos quente? Você consegue sentir seu corpo neste momento e lugar?

Leve sua atenção para seus pés. Conecte-se com todos os dedos dos pés...

Não se trata de pensar nos dedos, movê-los ou imaginá-los. A proposta é tentar se conectar com as sensações nos dedos... E, se você não os sente, o fato de perceber que não sente já faz parte da prática.

Agora sinta os dois peitos do pé. Os arcos. Calcanhares. Ambas as solas dos pés.

Conecte-se com a sensação em seus tornozelos. Você pode senti-los? A mente está onde o corpo está?

Agora sinta suas panturrilhas e canelas. As partes da frente e atrás dos joelhos...

Respire profunda e lentamente pelo nariz e expire lentamente, muito lentamente, pela boca.

Conecte-se com os quatro lados de ambas as coxas: frente, costas, interior e exterior.

Sinta seus glúteos e quadris.

Sinta a pélvis e o órgão reprodutor. Sinta as vísceras, a barriga e as costelas.

Agora tente sentir sua cintura e a coluna lombar. A mente está onde o corpo está? Pode sentir, não pensar, nem imaginar, sentir o corpo?

Agora se conecte com as omoplatas e costas.

Sinta as vértebras dorsais, o diafragma, o tórax, a clavícula e o esterno…

Sinta seus ombros. Quanta tensão existe em seus ombros? Sinta suas axilas, braços, cotovelos, antebraços e pulsos... Sinta ambas as palmas e cada um dos dedos das suas mãos…

Você está presente no presente? Você consegue sentir seu corpo agora?...

Agora, tente sentir sua garganta e pescoço. Sua garganta está tensa? E seu pescoço?

Sinta as cordas vocais e as sete vértebras cervicais. Conecte-se com as sensações nas orelhas e ouvidos.

Sinta seu couro cabeludo. A testa, as sobrancelhas e as têmporas.

Sinta as sobrancelhas e cílios. Sinta os olhos, as órbitas e as pálpebras.

Sinta seu septo e narinas.

Conecte-se com a temperatura da sua respiração. Você pode sentir sua respiração? Você está presente no presente?

Conecte-se agora com as sensações no lábio superior e inferior... Dentes, molares e palato... A língua...

Conecte-se com o queixo e a mandíbula.

Procure estar presente no corpo, no rosto e em todas as sensações que surgirem.

Sinta seu corpo por inteiro.

Respire profunda e lentamente pelo nariz e expire lentamente, muito lentamente, pela boca.

Descanse...

Sinta sua respiração em seu ritmo natural e fique alguns momentos em silêncio... quieto... presente no seu corpo... presente no presente.

Exercício

Conhecendo meu corpo

[adaptado de Manuela Mischke-Reeds]

Descubra se essa técnica pode ajudá-lo a identificar uma parte do seu corpo sobre a qual você está interessado em aprender mais com a seguinte experiência diária, semanal e/ou mensal. Por exemplo, desconforto intestinal, tensão nos ombros, formigamento nos dedos, contração nos quadríceps etc.

Proponho agora que você responda a estas perguntas sobre como se sente hoje, mas depois mantenha um registro semanal ou mensal sobre a parte do corpo que lhe interessa. Vamos começar:

Qual é essa parte do meu corpo?

Como penso sobre essa parte do meu corpo?

Como me sinto em relação a essa parte do meu corpo?

Existe algo que ativou essa parte do meu corpo hoje?

Alguma coisa a ajudou a relaxar, acalmar, melhorar, aliviar hoje?

De que forma eu me descuidei hoje? Mudei alguma coisa hoje? Olhei para o meu corpo hoje e notei algo em especial? Quando fecho os olhos e sinto meu corpo, o que descubro?

Cuore

Em 2016, o economista e psicólogo John Coates examinou um grupo de financistas que trabalhavam na Bolsa de Valores de Londres. Ele perguntou se poderiam identificar e sentir os momentos precisos em que seus corações batiam. Essa é uma medida da sensibilidade que você tem sobre as sensações do seu próprio corpo. Primeiro, ele mostrou que esses trabalhadores do mercado de ações eram muito melhores na detecção dos batimentos cardíacos do que qualquer outro grupo de controle da mesma idade e sexo. Depois, aqueles que conseguiram identificar esses momentos com mais precisão ganharam mais dinheiro do que os outros e mantiveram seus empregos, normalmente muito voláteis, por mais tempo. Eram pessoas com maior sensibilidade a seus sinais interoceptivos, o que, em inglês, é conhecido como *gut feelings* (sensações viscerais).

De todos os sinais interoceptivos que seu corpo reporta ao cérebro, os cientistas usam o teste de detecção de batimentos cardíacos como método para medir sua consciência interoceptiva. Isso é feito sem a necessidade de colocar a mão no peito ou pescoço. Nestes dias de escrita comprei um estetoscópio na internet e, antes de dormir e assim que acordo, utilizo-o para ouvir os meus batimentos cardíacos. Caso você não conheça, é um aparelho acústico que amplifica os ruídos corporais para conseguir uma melhor percepção. Ouço também os batimentos dos meus filhos, do gato do vizinho e de cada pessoa que entra em minha casa e queira passar pela experiência.

As diferenças entre as pessoas que são capazes de detectar os batimentos cardíacos, obviamente sem um estetoscópio ou sem colocar a mão no peito ou na artéria carótida, são enormes. Alguns são campeões da interocepção, capazes de determinar seus batimentos cardíacos com muita precisão e consistência. Outros nunca conseguem sentir seus ritmos. Quando os cérebros desses campeões são comparados, verifica-se que o tamanho e a atividade da sua ínsula se correlacionam com a capacidade de sentir e estar consciente da interoceptividade. Sua ínsula é então o centro nervoso — exatamente isso — de seus sentidos interoceptivos. Ainda não sabemos como essas diferenças entre as pessoas e suas ínsulas ocorrem. Todos nascemos com essa capacidade operacional da ínsula, que continua a se desenvolver ao longo da infância e adolescência. Essas diferenças podem ter origem em fatores genéticos, ambientais, no local onde você cresceu, na forma como seus pais se comunicaram com você e em como você respondeu — ou o que fez — com as informações fornecidas pelo seu corpo. Essa habilidade pode ser cultivada — e neste livro compartilho com você como fazer isso.

Como referi anteriormente, a prática de *mindfulness* é a que apresenta mais evidências científicas sobre a possibilidade de treinar e aumentar a sensibilidade aos sinais internos. Ou seja, de desenvolver sua inteligência sensorial. Um aumento no tamanho e atividade de sua ínsula é observado até mesmo em meditadores de longo prazo. Lembre-se de que **a ínsula é a área do cérebro que permite sintonizar as experiências internas do seu corpo**. Quando passa por um trauma, sua ínsula é desativada, deixando você em um estado de entorpecimento emocional e numa espécie de desconexão com o próprio corpo.

Quero fazer aqui um esclarecimento importante sobre a palavra *trauma,* que utilizarei ao longo do livro. No passado, pensava-se em traumas como eventos que aconteciam conosco. A ciência sabe agora que trauma é uma experiência, não um acontecimento. É o que acontece dentro de você como resultado de algo que acontece com você. É sua resposta ao evento, e não o evento em si. Existe todo um espectro de experiências que podem ser traumáticas e impactar você negativamente, como acidentes, agressões e desastres naturais. Também existem traumas relacionais ou de desenvolvimento quando você passa por adversidades crônicas, abuso, negligência e falta de segurança enquanto cresce. Mas muitas outras experiências podem ser traumáticas, incluindo o **estresse crônico**, procedimentos médicos e ambientes adversos como a pobreza, a discriminação e a violência. Finalmente, novas pesquisas em epigenética mostram que o trauma pode ser transmitido geneticamente ao longo de pelo menos três gerações. No próximo capítulo, você verá como seu corpo e sistemas se desregulam diante de um trauma e como restaurar seu equilíbrio.

Dentro do *mindfulness* existe uma meditação específica conhecida como *bodyscan*, ou varredura corporal, que pratico todos os dias há alguns anos. É a meditação que proponho nos áudios — você pode escanear o procedimento no referido QR code. Lembro a você que *mindfulness* é a prática meditativa para desenvolver uma consciência mais ampla sobre todas essas sensações — proprioceptivas e interoceptivas — que seu corpo sente, mas sem julgá-las. A varredura corporal treina você para observar essas sensações — senti-las — com interesse e equanimidade ou imparcialidade. Aqui, o mais importante é que você possa estabelecer um conceito sobre o que está sentindo, por exemplo, *tensão em meus ombros*, mas que não a julgue, nem pense sobre por que eles estão tensos, nem espere nada, nem desenvolva uma narrativa sobre essa tensão, nem relacione nada a essa tensão.

Ou seja, você sentirá esses sinais interoceptivos dando um nome ao que sente e nada mais. Uma espécie de rotulagem. Ao rotular um sinal interoceptivo, você não apenas o "sente mais" como terá mais facilidade para regulá-lo mais tarde. Sem essa autorregulação atenta, algumas das sensações poderão ser muito avassaladoras para você, ou você interpretará mal sua origem e quais informações estão contidas nesse sinal. Na verdade, a ciência mostra que o mero ato de nomear o que você está sentindo ou percebendo tem um efeito profundo no seu sistema nervoso, manifestando a diminuição imediata da resposta do seu corpo ao estresse. **Quando você rotula sua amígdala, uma estrutura envolvida**

no processamento do medo e de outras emoções muito intensas, sua atividade diminui. Mas quando você rumina, isto é, pensa mais sobre essas sensações e as experiências que as evocam, ocorre maior atividade em sua amígdala. Tem certeza de que vai conversar por horas com seu amigo sobre o que está acontecendo com você? Sharon Salzberg diz que "a meditação é o novo dispositivo móvel. Você pode usá-la em qualquer lugar, a qualquer hora e de forma discreta".

O conhecimento e a informação sobre seu corpo estão aí, mas você ainda não tem consciência disso. Ao melhorar essa capacidade, ou seja, seu autoconhecimento sensorial, você poderá utilizar de maneira mais inteligente o que essa informação tem a dizer: tomar melhores decisões, responder com mais resiliência aos seus desafios e contratempos, saborear mais intensamente suas emoções no momento presente, ao mesmo tempo que as gerencia melhor, conectar-se com outras pessoas com maior sensibilidade e percepção. **Suas entranhas e órgãos, e não o seu cérebro, apontam o caminho.**

Sentir, isto é, sentir mais e ser capaz de regular seus sinais internos, permite que você ajuste deliberadamente as reações e respostas fisiológicas e mentais aos seus desafios diários.

A ciência sugere, através dessa nova abordagem que proponho, que **suas decisões mais inteligentes não aconteçam por meio da aplicação de análise cuidadosa, mas do cultivo da aprendizagem interoceptiva.** Esse processo favorece primeiro o aprendizado de como sentir, rotular e regular seus sinais internos, e depois de como estabelecer ligações entre essas sensações específicas que são sentidas e o padrão de eventos encontrados no mundo.

Seu corpo e suas habilidades interoceptivas podem ser o treinador que o impulsiona a atingir seus objetivos, perseverar diante das adversidades, retornar dos contratempos com energia renovada e ser mais resiliente.

Exercício
Estetoscópio interoceptivo

Interocepção: suas sensações internas. Seu corpo fala em uma linguagem sutil, muitas vezes sem que você o ouça, e outras berrando com você. São suas sensações internas. À medida que aumenta sua capacidade de ouvir, sentir e perceber essas sensações, aumenta também sua inteligência emocional intrapessoal e interpessoal (esta última também é conhecida como inteligência social). Você treinará o método de medir sua consciência interoceptiva com um teste informal de detecção de batimentos cardíacos. Que tal experimentar esse exercício?

Feche os olhos em um lugar onde ninguém irá interrompê-lo. Sentado confortavelmente ou deitado, você vai fazer quatro ou cinco respirações muito profundas e lentas pelo nariz, enchendo todo o seu abdômen, pulmões e clavículas de ar e expirando pela boca, porém ainda mais lentamente do que quando inalou. Depois respire normalmente, se possível inspirando e expirando pelo nariz. Agora esqueça a respiração e deixe-a fluir sem controlá-la. Quando estiver pronto, sem tirar as mãos do chão ou do lado do seu corpo, quero que você tente ouvir, sentir, perceber sua frequência cardíaca. Você consegue sentir seu batimento cardíaco? Por quanto tempo? Se não conseguiu, não se preocupe. Você vai treinar.

Exercício
Conexão de pulso

Coloque dois dedos na parte interna do pulso oposto, localizando o pulso. Usando um relógio, conte o número de batimentos que ocorrem em 10 segundos. Multiplique esse número por 6 para calcular seu pulso em repouso.

Continue se conectando ao pulso por 2 a 3 minutos, fechando os olhos e concentrando-se apenas na sensação rítmica dos dedos. Agora, abra os olhos e tome novamente o pulso para obter os valores em repouso. A consciência do seu corpo pode reduzir o estresse, então você frequentemente descobrirá que seu pulso está mais lento na segunda vez.

Sinta-se para sentir os outros

Tomar consciência de suas sensações internas ajuda você a controlar as emoções. Talvez o mais surpreendente seja o fato de que a capacidade interoceptiva do seu corpo também pode colocá-lo em contato próximo com as emoções de outras pessoas. Seu cérebro, por si só, não tem acesso direto ao conteúdo da mente de outras pessoas. Você não pode sentir o que os outros sentem. Ao interpretar suas palavras e expressões faciais, você pode criar uma sensação abstrata em relação às emoções deles. É por isso que seu corpo atua como um mensageiro-chave, fornecendo informações sensoriais que estão faltando.

Ao interagir com outras pessoas, você imita sutil e inconscientemente suas expressões faciais, gestos, postura e até mesmo seus tons de voz.

Então, através da interocepção, graças aos sinais do seu próprio corpo, você percebe o que a outra pessoa sente porque você sente a mesma coisa. Você traz as emoções dos outros usando seu corpo como ponte. Se você não conseguir fazer essa imitação, será mais difícil descobrir o que os outros sentem. Um exemplo notável: pessoas injetadas com o redutor de rugas Botox, que funciona induzindo uma leve paralisia dos músculos usados para gerar expressões faciais, são menos precisas na detecção das emoções dos outros. Por outro lado, ao desenvolver sua inteligência sensorial por meio dos seus sentidos interoceptivos, você poderá compreender de forma mais rápida, fácil e precisa o que as pessoas sentem ao seu redor.

Paro de escrever, fecho os olhos, respiro profundamente primeiro e depois libero o controle da respiração. Gentilmente direciono a atenção para o meu corpo. Por dois ou três minutos, percebo minha mandíbula. Senso e rotulo: localização da mandíbula. Tensão arejada e leve. Temperatura quente. Respiração rápida, mas ampla. O movimento da minha mandíbula suavizou. Potência geral alta, energizada quase sobrecarregada. É a minha consciência do momento presente.

No próximo capítulo, você estudará como seus níveis de energia se relacionam com as mais variadas sensações do corpo. Daqui até o final do livro você mergulhará em todos os seus sentidos interoceptivos e proprioceptivos, começando pelo sistema nervoso autônomo e aprendendo como ele e suas experiências de vida estão envolvidos em seus estados energéticos.

Exercício
Minha consciência do momento presente

Você quer tentar a seguinte exploração para desenvolver a consciência do seu corpo?

Complete as frases a seguir sobre seu corpo:

Neste momento eu sinto ______________________ (emoção), e posso sentir no meu corpo ________________ (pelo menos três sensações).

Estou curioso sobre __________________________ (uma das três sensações acima) em meu corpo.

Estou me conectando com ________________ (algum aspecto curioso ou parte de seu corpo que te dá prazer), que me faz aprender que meu corpo me ensina ______________ (descreva um detalhe).

Posso notar que minha respiração ________________ (descreva o quê, como e em que momento respira).

Quando sinto todo o meu corpo, sinto ______________ (o que você estiver sentindo e *sensando* em seu corpo).

Posso dizer que neste momento sinto ______________ (sua experiência no momento presente).

Características das sensações em seu corpo:

Energia, Tensão, Lugar, Respiração,
Movimento, Temperatura

Sentir exige que você aprenda a identificar
e dar nome às sensações do seu corpo.

CAPÍTULO 2
ENERGIA

Os obstáculos não bloqueiam o caminho, eles são o caminho.
Você deve conceber os obstáculos como oportunidades
e não como contratempos.
FILOSOFIA ZEN

Somos energia

Tudo em seu mundo, o que você pode ver ou não, é energia em sua essência, e vibra em uma frequência ou comprimento de onda específico. Além disso, e talvez em contraintuição, a matéria que constitui as coisas, sejam elas animadas, vivas, mortas ou desanimadas, é composta por 99,9999% de energia e 0,0001% de massa. Como tudo é energia, isso significa que não há nada no mundo que não seja. Portanto, nada existe isoladamente, não há separação entre as coisas.

Leia isso novamente, várias vezes e devagar.

O biofísico James Oschman chama isso de matriz viva. Esses campos de energia são específicos em todos os níveis da vida, desde o nível de um organismo completo, como você e eu, até os vários sistemas do seu corpo, órgãos e glândulas que compõem esses sistemas, suas células, moléculas, átomos e partículas subatômicas. Ou seja, tudo o que constitui o universo nada mais é que energia em diferentes comprimentos de onda vibrando em diferentes frequências.

O conceito de longitude tem origem na palavra latina *longitudo* e é utilizado para nomear a distância que separa dois pontos no espaço. A "longitude ou comprimento de onda" seria a distância entre uma onda e a próxima. A frequência é o número de ciclos por segundo ou oscilações dessas ondas. Por exemplo, a energia do fóton aumenta à medida que a longitude de onda diminui. Ou seja, quanto menor o comprimento de onda, maior será a energia dos fótons. Estes últimos são as partículas que transportam a luz visível, a luz ultravioleta, a luz infravermelha, os raios X, os raios gama e todas as outras formas de radiação eletromagnética. Os fótons são responsáveis pela geração de todos os campos magnéticos e elétricos. A luz visível ao olho humano é aquela com maior frequência. Outras frequências são apenas versões mais condensadas da mesma energia. Por exemplo, seus pensamentos e emoções são *simplesmente* frequências vibracionais diferentes.

O que você vivencia como pensamentos *positivos* são padrões de energia mais abertos e espaçados, enquanto os padrões de energia dos pensamentos *negativos* são mais densos. Lembre-se de que mesmo a forma física, a matéria, nada mais é que energia comprimida. Seu corpo físico é composto por um número infinito de frequências diferentes. Os cinco principais sistemas do corpo — respiratório, hormonal, imunológico, cardiovascular e digestivo — existem como frequências únicas no espectro de energia e são diferentes das frequências de cada um dos seus órgãos.

Então, é normal sentir que você ou sua atividade seja algo isolado, e que aquilo que você pensa ou faz não afeta nada nem ninguém. A verdade é que, através dessa matriz viva, tudo se conecta e tudo afeta todo o restante. O que significa que cada ação que realizamos é importante, e o que você faz em uma área da sua vida afeta todas as outras, e tudo o que faz tem algum impacto em todos e em tudo o mais. No nível mais fundamental do seu ser, somos todos um. *Deixo essa reflexão para o seu julgamento.*

A ciência vem verificando essa interconexão há anos. Se você estiver interessado nestes tópicos, sugiro que investigue o trabalho de Valerie Hunt, que, usando a eletrofotografia, evidenciou que o campo de energia dentro e ao redor do corpo de alguém se move em diferentes padrões e frequências em resposta ao que essa pessoa pensa e faz.

Minha energia

Em fevereiro de 2020, estive no deserto de Joshua Tree, na Califórnia, em frente a um mosteiro budista, para praticar *vipassana*, uma das técnicas de meditação mais antigas da Índia. Essa prática foi redescoberta por Gautama, o Buda, há mais de 2.500 anos. O evento tem duração de dez dias, é gratuito — aprendizado, hospedagem e excelente alimentação. E, quando termina, apenas solicitam o depósito da quantia que você quiser, mas sem nenhuma obrigação. É por meio dessas doações que os centros de Dhamma, onde essa prática é ensinada, são mantidos no mundo. A técnica visa — para mim, algo um tanto utópico — "à erradicação total das impurezas mentais", e, como resultado disso, a felicidade completa. Não alcancei essa felicidade completa, e, além dos dez dias de silêncio meditando cerca de doze horas por dia, você é obrigado a continuar meditando por outras duas horas todos os dias de sua vida. A organização Dhamma a descreve como "um caminho para a autotransformação por meio da auto-observação". Essa técnica se baseia principalmente na interconexão profunda, que você vem estudando nestas páginas, entre sua mente e seu corpo.

Como já comentei, se usarmos os estudos da física, sua mente (pensamentos) é energia e seu corpo, matéria. Porém, a matéria, como dissemos, é composta por 0,0001% de massa e 99,9999% de energia. Ou seja, você é, eu sou e nós somos energia. *Vipassana* significa ver as coisas como elas realmente são: energia. E foi isso que aconteceu comigo no oitavo dia de prática. Comecei a *sentir* meu corpo, a *sensar* cada parte, na forma de energia. A tensão, o movimento, as temperaturas e os lugares, as características das sensações foram sentidas como uma energia viva, em movimento, expressando-se em todas as direções.

É difícil colocar isso em palavras, porque foi o mais perto que cheguei de vivenciar uma experiência. Senti todo o meu corpo como um só, mas, ao mesmo tempo, cada parte, à medida que a examinava, era energia em movimento. Para cima, para baixo, para os lados, e o mais impressionante para mim foi sentir aquela energia interna saindo e reentrando no meu corpo em altíssima velocidade. Nada estava parado. Algumas partes quentes e outras mornas. Cada centímetro que examinei tinha alguma característica: apertado, espaçado ou completamente relaxado. Durante essas horas, examinei todo o meu corpo dezenas de vezes, começando do alto da cabeça até a ponta dos pés e vice-versa. E, sempre que passava pelas minhas bochechas, pescoço, abdômen, palmas das mãos ou panturrilhas novamente, sentia algo um pouco diferente da vez anterior, como se eu tivesse me esquecido.

Fiz isso por meio de uma atenção superdisciplinada direcionada às sensações físicas que constituem a vida do meu corpo. Sensações que se interligam continuamente com a vida da minha mente e muitas vezes a condicionam, por exemplo, quando você se arrepende de um comportamento que surgiu de sensações e emoções, mas fora do limiar da sua consciência. De acordo com o Dhamma, *todas as leis científicas que operam sobre suas sensações, emoções, pensamentos e julgamentos tornam-se evidentes* quando você pratica a *vipassana.* Digamos que experimentei algo assim. Ao retornar a Buenos Aires, não consegui manter as duas horas de meditação diária. Pouco tempo depois, a pandemia e a quarentena eclodiram no meu país, então a *vipassana* permaneceu como uma memória incrível e o aprendizado de que *sou energia.*

Sistema nervoso

Sentir e ser capaz de aprender a sentir — que você meça as condições que estabelecem como você se sente — tem a ver com neurônios transmissores de diferentes informações que viajam através de mensagens entre diferentes neurônios por todo o seu corpo. Isto é, são os seus nervos.

Do ponto de vista evolutivo, o cérebro progrediu. Tudo começou com um, digamos assim, *cérebro de verme,* composto apenas por gânglios sensoriais e motores distribuídos por todo o corpo. Os gânglios são agrupamentos de corpos neuronais localizados fora do **sistema nervoso central**. São também locais de conexões intermediárias entre diferentes estruturas neurológicas do corpo. Em geral, os gânglios são circundados por tecido conjuntivo e axônios, que são extensões dos neurônios. Depois, houve a evolução para um *cérebro reptiliano*, com células nervosas centralizadas e mais opções comportamentais que o verme, principalmente no que diz respeito a "como sobreviver". Mais tarde, um *cérebro de mamífero*, já com um sistema límbico que permite a conexão entre os cuidadores e seus filhotes por meio da comunicação baseada nas emoções. E, por fim, um *cérebro de primatas* e espécies com maior complexidade social (por exemplo, cetáceos e elefantes), composto por áreas do neocórtex com maior densidade de neurônios e conexões entre eles.

Em termos gerais, podemos distinguir diferentes sistemas nervosos dentro de nós: o **sistema nervoso central**, composto pelo cérebro e pela medula espinhal, onde estão localizados os centros de controle e integração de informações; o **sistema nervoso periférico**, com os nervos do cérebro e da medula espinhal responsáveis pela comunicação entre o cérebro e o corpo; o **sistema nervoso autônomo**, que conduz impulsos involuntariamente do sistema nervoso central para os músculos cardíaco e liso e para as diferentes glândulas. O músculo liso está localizado nos órgãos da cavidade abdominal e pélvica. É composto por células e fibras dispostas de maneira diferente do músculo cardíaco e do esqueleto. O músculo cardíaco é um tecido muscular composto por várias fibras, localizado exclusivamente nas paredes do coração. Sua função é gerar as contrações necessárias para que o sangue chegue a todas as partes do corpo. E, por sua vez, as glândulas são órgãos responsáveis por produzir e secretar substâncias necessárias ao funcionamento do seu corpo ou substâncias que devem ser eliminadas por ele.

O sistema nervoso autônomo é dividido em **simpático**, responsável por ativar o corpo para escapar ou lutar, e **parassimpático**, responsável por relaxar o corpo para descanso e digestão. Depois, há o **sistema nervoso somático**, que conduz seus impulsos, voluntariamente, do sistema nervoso central para os músculos esqueléticos. O músculo esquelético é um tecido abundante localizado em várias partes do corpo, responsável por produzir as contrações necessárias ao cotidiano. Estão localizados nos membros superiores e inferiores, no tronco, na cabeça, no pescoço e no rosto. Ou seja, são eles que em sua maioria se localizam de forma mais superficial. E o **sistema nervoso entérico** do intestino tem algumas funções independentes do sistema nervoso central, por exemplo, realizar a digestão (excluindo a deglutição e a eliminação). Alguns desses sistemas são fundamentais para o desenvolvimento da sua inteligência sensorial, e vamos estudá-los em mais detalhes.

Abaixo do pescoço

Falar em aprender a sentir o corpo significa conhecer melhor o que acontece abaixo do pescoço. E principalmente, se você quer saber de onde vem grande parte da sua energia diária, é preciso conhecer o centro do seu corpo. Do inglês: *core*. Seu *plexo solar*. A maior parte dos seus órgãos está localizada nessa parte do corpo, o que significa que é uma área estratégica de onde saem muitas das mensagens interoceptivas que informam o seu cérebro sobre o que está acontecendo, como já comentamos. Seu plexo solar é uma espécie de núcleo energético, e, ao compreender sua função no dia a dia, você perceberá o quanto ele é importante. É um sistema complexo de nervos e gânglios radiantes. Ele está localizado na boca do estômago, em frente à artéria aorta. Faz parte do já mencionado sistema nervoso autônomo simpático.

De acordo com a tradição da ioga e de muitas outras práticas, os chacras são centros de energia vital que existem em todos nós. Aparentemente, esses centros de energia giram constantemente e não são visíveis ao olho humano, mas são essenciais para o desenvolvimento contínuo do indivíduo e para a sua saúde. Os *chacras* surgem como conceito em antigos textos védicos e tântricos, alguns dos mais antigos escritos hindus, datados de 1500 a 500 a.C. Os sete chacras principais se empilham uns sobre os outros ao longo da coluna, começando com o chacra básico, na base da coluna; o chacra sacral, logo abaixo do umbigo; o **plexo solar**, na parte superior do abdômen; o chacra cardíaco, no centro do peito; o chacra laríngeo, na garganta; o chacra do terceiro olho, localizado entre os olhos, na testa; e o chacra coronário, no topo da cabeça.

De acordo com a terapeuta de ioga Karla Helbert, "os chacras estão constantemente se movendo em velocidades diferentes em um esforço para manter a homeostase do corpo, cada um governando diferentes componentes físicos e mentais do seu ser". Os três chacras inferiores estão ligados à sua existência "terrena", incluindo o seu instinto de sobrevivência, reprodução e confiança. O chacra cardíaco está ligado à sua empatia e aceitação dos outros, e os três chacras superiores estão ligados aos seus atributos menos físicos, incluindo a expressão, a intuição e a "conexão com o divino". O chacra básico se correlaciona com os testículos ou ovários, o chacra laríngeo com a glândula tireoide e o chacra cardíaco com o timo. Cada glândula endócrina supostamente estaria relacionada com as diferentes funções dos chacras, mas hoje **não há evidências científicas** que sustentem isso, o que não significa que não exista ou não aconteça. Houve tentativas de medir os chacras cientificamente, mas até o momento a energia dos chacras não foi detectada, pois eles não funcionariam isoladamente, e sim em coordenação, portanto seria difícil isolá-los para estudo.

O sistema de chacras tem sido relacionado ao **sistema endócrino**. Esse sistema é composto por glândulas que produzem hormônios. Lembre-se de que seus hormônios são mensageiros químicos do corpo. Eles transportam informações e instruções de um conjunto de células para outro. Esse sistema influencia quase todas as células, órgãos e funções do corpo. Os hormônios ajudam a controlar o seu humor, seu crescimento e desenvolvimento, a forma como seus órgãos funcionam, seu metabolismo e reprodução.

As principais glândulas que constituem o sistema endócrino são:

- **O hipotálamo**, que liga o sistema endócrino ao sistema nervoso e fabrica substâncias químicas que controlam a liberação de hormônios da glândula pituitária. Ele também coleta as informações que o cérebro recebe — temperatura, exposição à luz, emoções — e as envia para a glândula pituitária.
- **A glândula pituitária**, sua "glândula mestra", também chamada de **hipófise**, produz hormônios que controlam muitas outras glândulas endócrinas, como o hormônio do crescimento, que estimula o crescimento dos ossos e de outros tecidos do corpo, além de desempenhar um papel na forma como seu corpo gerencia os nutrientes e os minerais; a prolactina, que ativa a produção de leite em mulheres que amamentam; a tireotropina, que estimula a glândula tireoide a produzir hormônios tireoidianos; a corticotropina, que estimula a glândula adrenal a produzir certos hormônios; o hormônio antidiurético, que ajuda a controlar o equilíbrio hídrico no corpo; e a oxitocina, que, entre outras funções, desencadeia contrações do útero durante o parto, além de secretar endorfinas.
- **A glândula tireoide**, localizada na parte inferior do pescoço, produz tiroxina e tri-iodotironina, que controlam a velocidade com que as células queimam o combustível extraído dos alimentos para gerar **energia**. Além disso, ajudam no desenvolvimento e crescimento dos ossos e atuam na formação do cérebro e do sistema nervoso.
- **As glândulas paratireoides** regulam a concentração de cálcio no sangue com a ajuda da calcitonina, produzida pela glândula tireoide.
- **As glândulas suprarrenais**, localizadas acima dos rins, produzem os corticosteroides, que regulam o equilíbrio de água e sal

do corpo, a resposta ao estresse, o metabolismo, o sistema imunológico, o desenvolvimento e as funções sexuais. Elas também produzem catecolaminas, como adrenalina ou epinefrina, que aumentam a pressão arterial e a frequência cardíaca quando o corpo passa por uma situação estressante.

- **A glândula pineal**, localizada no centro do cérebro, secreta melatonina, que pode influenciar seu nível de sono à noite e sua disposição para acordar pela manhã;
- **Os ovários e testículos** e, por último,
- **O pâncreas**, que também compõe o sistema endócrino, além de pertencer ao sistema digestivo. Isso porque ele produz e secreta hormônios na corrente sanguínea, além de produzir e secretar certas moléculas do sistema digestivo.

Força mais flexibilidade = energia

Nos músculos do *core* está o centro de gravidade do corpo, por isso eles são muito importantes na postura e equilíbrio, influenciando na sua propriocepção. Mesmo sem se mover, esses músculos permanecem em um estado de baixa contração, o que permite manter a parte superior do corpo ereta sem que você se curve ou tenha que se apoiar em alguma coisa. Hoje, a melhor evidência de como proteger as funções cognitivas com o avanço da idade não é pensar mais, mas permanecer ativo fisicamente o quanto for possível. Quase todo tipo de movimento que você faz fortalece o equilíbrio da função do seu *core*. Por essa razão, muitos estudos revelaram que exercícios relacionados com a sua postura, como o *tai chi*, não apenas melhoram suas capacidades cognitivas como reduzem seu declínio durante a velhice.

Existem numerosos estudos que relacionam respostas emocionais à ativação dos músculos do *core*. Por exemplo, quando você fica em pé e se sente melhor, no controle e mais poderoso. E quando fica relaxado, você se sente mais derrotado. No entanto, não foram detectados de maneira convincente o mecanismo ou os mecanismos que explicam esse funcionamento. Hoje parece muito evidente que a postura é importante não por causa dos hormônios, mas pela energia e força dos músculos do plexo solar. Qualquer exercício ou movimento ativador desses músculos enviará uma mensagem que se conecta às suas glândulas por meio do cérebro, e que o ajudará a regular, por exemplo, o estresse. Ativar o seu centro acalma você.

Por outro lado, também há evidências crescentes da forma como a flexibilidade do corpo altera as propriedades físicas e químicas dos tecidos no nível celular. No entanto, o impacto da flexibilidade do seu corpo não se relaciona apenas ao que acontece com seus músculos. Hoje sabemos que alongar os músculos libera parcialmente o estado de contração que ocorre, por exemplo, quando você fica muito tempo sentado. A tensão de ficar sentado tende a afetar desproporcionalmente o pescoço, os ombros e os quadris. Isso ocorre porque, ao se concentrar em algo, você faz seus músculos trabalharem mais para manter a cabeça imóvel e conseguir se concentrar, física e mentalmente. Além disso, sentado em uma cadeira, você sempre tende a inclinar a pélvis para a frente, exercendo pressão sobre a região lombar e encurtando assim todos os seus músculos centrais, os flexores do quadril e das pernas.

Aqui entra em cena outro tecido: a fáscia, um tipo de tecido conjuntivo que mantém todos os tecidos unidos. A fáscia conserva seus órgãos onde deveriam estar. É composta por fibras de colágeno e fibras elásticas de elastina, ambas bastante fortes, mas flexíveis. Apesar de estar espalhada por todo o corpo, ou talvez por isso mesmo, a fáscia ainda não foi bem estudada. No entanto, nos últimos anos, ela se tornou muito popular por ser um órgão que permite, entre outras coisas, que todo o seu sistema imunológico flua de maneira eficiente.

Portanto, depois de ficar muito tempo sentado, levante-se e estique as pernas e os braços. **Você vai lembrar o seu cérebro de que os possui, além de liberar todos os músculos e se reenergizar. Se você fizer isso uma vez a cada hora ou mais, logo verá a diferença em seu estado de energia durante o dia.** Alongue-se para sentir a extensão, sem ultrapassar a amplitude de movimento, para contrair levemente a fáscia que cobre os músculos e órgãos e permitir que os fluidos do sistema imunológico circulem corretamente. O ideal é combinar alongamento com trabalho de força. Juntos, eles são uma ferramenta poderosa para equilibrar a energia e combater a ansiedade.

Exercício

Siga o mestre

Este exercício ajuda a desenvolver a propriocepção, a noção da posição do corpo no espaço, permitindo que você se sinta mais centrado e conectado ao corpo.

Primeiro, encontre um parceiro e coloque a mão no pulso dele. Em seguida, feche os olhos e o instrua a começar a mover o braço em qualquer padrão ou direção. À medida que seu parceiro move o braço, mantenha a mão no pulso dele, acompanhando seus movimentos com a mente e percebendo como é sentir sua própria mão e braço guiados.

Não desista, mas descanse

Sua mente e corpo funcionam melhor quando se movimentam, mas, quando você fica sem energia, o antídoto é descansar. É verdade que, como espécie, hoje nos movemos pouco, mas também descansamos pouco. Ou melhor, descansamos mal. Existem poucas pesquisas sobre o que realmente significa descansar acordado. Não quero dizer dormir. Descansar e dormir são coisas diferentes. Sem dormir, você morreria. Ratos privados de sono morrem em semanas.

As ondas elétricas produzidas por você durante o sono, conhecidas como lentas, correspondem a um sono profundo do qual é difícil acordar. Elas são muito importantes à saúde e cruciais para o processamento e armazenamento de informações na memória. Além disso, ocorrem em um horário da noite em que é realizada a limpeza dos produtos tóxicos que se acumularam durante o dia no cérebro e medula espinhal. No entanto, os sonhos em REM parecem desempenhar um papel no processamento de suas emoções, o que explicaria por que a falta de sono não apenas deixa você com a cabeça turva, mas também de mau humor.

O sono é o momento em que seu corpo pode se reconstruir. Você libera o hormônio do crescimento da glândula pituitária, que estimula o crescimento e a reparação dos tecidos. Além disso, seu sistema imunológico ajusta o número de células de defesa que circulam no sangue e elimina o excesso de células inflamatórias. "Descansar acordado" é algo voluntário e não apreciado no mundo ocidental. Talvez por isso não tenha sido tão estudado como possibilidade de aumentar o bem-estar.

Num estudo sobre descanso com 18 mil pessoas de 135 países diferentes, perguntou-se o que o descanso significava para elas, o quanto pensavam que precisavam dele e o quanto realmente o faziam. Sessenta por cento das pessoas disseram sentir que não descansavam o suficiente. Trinta por cento se sentiam estranhas ao descansar, como se estivessem fazendo algo moralmente errado, pois parecia que precisavam de mais tempo de descanso do que os demais. E aqueles que descansavam mais foram os mesmos que apresentaram maior estado de bem-estar.

É preciso encontrar equilíbrio para descansar o suficiente sem que isso signifique levar uma vida sedentária. O interessante é notar que descansar acordado não significa ficar parado. Subir uma montanha conta como descanso se, naquele momento, você estiver fazendo uma pausa no ruído mental e sentir satisfação, mesmo tendo chegado exausto ao topo da montanha. Seu descanso pode ser tão ativo quanto quiser: jogar um jogo, tocar um instrumento ou dar um passeio no seu jardim, desde que isso afaste sua mente dos seus males por um tempo e o deixe relaxado e restaurado. Pessoas que demonstram uma elevada sensação de bem-estar dedicam cerca de cinco a seis horas por dia ao descanso. Novamente, isso não significa sentar-se. Principalmente se tal ação se transformar em tédio e culpa, o que é mais estressante.

Além disso, o mais importante é que o descanso seja uma escolha, algo voluntário. Não conta se alguém pedir para você descansar. Além de atividades clássicas como ler, tocar um instrumento e ouvir música, muitas pessoas defendem o descanso como um bom momento para se conectar com o que sentem, com suas emoções. Na prática, pode ser difícil distinguir entre estar fisicamente exausto e precisar de descanso ou estar letárgico; neste caso, a movimentação certamente ajudará. Sentir-se letárgico pode ser uma questão mais motivacional, quando a fadiga se torna um sinal de que a mente e/ou o corpo fizeram muito e precisam recarregar. Para saber se você precisa de uma sacudida física ou apenas parar de trabalhar por um tempo, reserve um período e verifique como você se sente.

A boa ou má gestão da sua energia pode levá-lo a situações estressantes. Quando isso acontece, a inflamação aumenta no seu corpo, mesmo que o perigo esteja apenas na sua mente. Essa é a razão para o estresse mental ser fisicamente desgastante e deixar você com um humor que o impede de correr, dançar ou fazer qualquer outra atividade física. Nessas circunstâncias, a inflamação leva você a pensar que seu corpo precisa descansar quando, na verdade, ele precisa se mover.

Você tem duas opções: a primeira é fazer atividades físicas bem intensas. Isso, em muito curto prazo, aumenta a inflamação, o que sinaliza muito claramente ao seu cérebro que agora você precisa sossegar e voltar ao controle. Ou, então, uma atividade menos intensa como ioga, caminhada, *tai chi* ou sentar-se para respirar, que reduz a inflamação através do sistema polivagal, como você verá a seguir.

Você precisa se mover para ficar quieto, e somente a partir da quietude poderá se mover corretamente.

Sistema polivagal

Compreender a teoria polivagal do dr. Stephen Porges proporcionará a você mais autoconhecimento sensorial e um melhor gerenciamento da sua **energia** em momentos de calma, desânimo ou perigo, reais ou imaginários. O nervo vago, o maior nervo craniano, é o principal nervo do sistema nervoso parassimpático, que, como vimos, faz parte do sistema nervoso autônomo. Lembrando que o parassimpático controla funções físicas involuntárias, como frequência cardíaca, pressão arterial, respiração e digestão, diretamente do cérebro para outros órgãos, ou seja, não passa pela medula espinhal. Ele inerva a faringe, os pulmões, o coração, o estômago, o baço, o fígado, o pâncreas, os rins e o intestino. Além disso, carrega muitas informações interoceptivas, pois 70% a 80% das funções do vago parte dos órgãos em direção ao cérebro. Ao longo da evolução, você desenvolveu dois ramos desse nervo parassimpático: **o vago ventral**, o mais recente, é mielinizado, ou seja, protegido pela mielina, e transmite informações em altíssima velocidade. Você compartilha isso com outros mamíferos. Ele está relacionado ao seu comportamento social e à comunicação interpessoal. Ativa a sensação de **calma** quando você passa por um perigo, equilibrando os batimentos cardíacos, as vísceras e os músculos faciais. E **o vago dorsal,** que é mais primitivo e não mielinizado. Você o compartilha com répteis, e, quando ativado, ele causa **imobilização**.

Quando seu cérebro, graças à neurocepção, sente o perigo e seu corpo está sob pressão, suas três regiões neurais evolutivas — reptiliana, límbica e neocórtex — tentam adquirir diferentes tipos de segurança para alcançar um equilíbrio biológico. Elas evoluíram durante milhares de anos para esse equilíbrio. Neurocepção, termo cunhado por Porges, distingue situações seguras e perigosas por meio da avaliação do estado de suas vísceras (seu corpo) e ambiente. A neurocepção defeituosa ocorre quando você percebe perigo onde ele não existe ou quando não percebe sinais de perigo quando ele existe. De modo geral, sua região reptiliana buscará segurança física. O límbico, que é a conexão emocional sem linguagem, entende o que está acontecendo para manter, por exemplo, seus filhos ou entes queridos seguros. O neocórtex tentará dar sentido ao que está acontecendo, compreendendo as complexas relações internas de sua família ou sociedade. A isso devemos acrescentar a conexão do seu cérebro com o resto do corpo, que o ajuda a se manter vivo, a transmitir seu material genético, a comer e não ser comido, e a encontrar algum status no seu grupo de pertencimento.

De acordo com Porges, existem três classes principais de respostas ao perigo que evoluíram para responder a uma ameaça: imobilização, quando você congela ou se dissocia (vago dorsal/sem energia); mobilização, quando você foge ou luta (sistema simpático/energia crescente); e comunicação social, para apaziguar e apaziguar-se (energia vagal ventral/energia equilibrada). Ao longo do livro, e não apenas neste capítulo, você encontrará exercícios que o ajudarão a regular a energia desses três sistemas.

Diante de uma situação perigosa, sua primeira resposta evolutiva seria procurar ajuda, uma resposta social (vago ventral/energia equilibrada). Bebês e crianças buscam contato físico e emocional com seus cuidadores. Se a ajuda não aparecer ou não for suficiente, ocorre uma ativação do sistema nervoso autônomo simpático: mobilização, luta ou fuga (sistema simpático/energia muito alta). Essa ativação gera atividade motora — você se move — e atividade de defesa metabólica — mais sangue para os músculos e o cérebro. Sua resposta de lutar ou fugir corresponde à amígdala, ao sistema nervoso autônomo simpático e ao eixo hipotálamo-hipófise-adrenal. Este é o caso quando seu corpo está inundado de cortisol e adrenalina. Seu coração dispara, você transpira e seus músculos se preparam para lutar ou correr. São reações muito enérgicas e ativas. Se isso também não resolver a percepção de falta de segurança, então seus circuitos dorsovagais (vago dorsal/sem energia) serão ativados.

Na verdade, se for impossível lutar e escapar, o ramo dorsovagal é ativado, o que provoca uma resposta de imobilização com bradicardia (o coração bate mais devagar). Evolutivamente, esta é a parte mais antiga da sua biologia neuroceptiva. Sinaliza para você ficar parado quando estiver sob ameaça. É por isso que os répteis "se fingem de mortos" quando estão em perigo. Em seres humanos, esse sistema poderá pressioná-lo a evitar passivamente, por exemplo, um confronto ou a não responder um e-mail. Evitar. Alguns psicólogos descrevem outros comportamentos dissociativos a partir dessa situação: sair mentalmente do momento presente como medida de proteção. Isso geralmente acontece quando a ameaça ou perigo é muito grande e não se pode escapar. Por exemplo, numa guerra ou situação abusiva. A imobilização surge então como sua resposta mais antiga e confiável em relação ao perigo. Nos adultos, ela é ativada quando se sente que a vida está em perigo. Em bebês e crianças, é ativada quando a ameaça é percebida como excessiva e eles não encontram recursos cognitivos ou emocionais para enfrentá-la.

Essas respostas fisiológicas automáticas à ameaça do seu corpo estão anatomicamente relacionadas às suas respostas à sensação de perigo, seja ele social, emocional ou comportamental. Acalmar ou apaziguar-se cria um estado de energia equilibrada, lutar ou escapar de alta energia e imobilizar ou dissociar-se de depressão energética.

O ramo ventrovagal, que permite sua conexão social, está relacionado a um tipo de apego, que você verá em detalhes a seguir. Resumidamente, se refere às relações de vínculo, seguros ou inseguros, tecidos por você quando criança com figuras importantes como seus pais. É a parte mais nova do complexo vagal. Ela se conecta aos nervos do crânio que inervam os músculos do rosto usados por você para se comunicar. Ou seja, seu sistema de detecção de perigo está diretamente ligado ao seu sistema de comunicação. Em situações de relativa calma e segurança, alguma interação que gere certa pressão pode, involuntariamente, afetar o que você faz e diz, modificando a energia do corpo e, portanto, as sensações que afloram. Ou seja, sua postura e gestos comunicam seus estados de espírito, e estes possuem diferentes graus de energia. Comece a prestar atenção e sentir suas sensações, ajustando gestos e posturas para que fiquem mais abertos e relaxados. Você verá que, com o passar do tempo, se sentirá mais preparado para os desafios do dia a dia utilizando-se do que chamo de **energia em equilíbrio**. Você estará mais preparado para os desafios da vida.

Hoje, estima-se que mais da metade da população mundial tenha algum distúrbio crônico, como hipertensão ou doenças autoimunes; além disso, os índices de ansiedade, depressão, transtorno de estresse pós-traumático e dependência dispararam.

Muitos desses problemas podem ser causados por experiências adversas na infância ou por estresse crônico que, em última análise, desregula o sistema nervoso, afetando seus estados de energia. Se melhorar seu entendimento sobre o modelo polivagal e sobre como seu sistema nervoso autônomo (SNA) simpático e parassimpático (com seu nervo vago) podem ficar desregulados, você adquirirá mais ferramentas para aprender a se sentir melhor. Como já falei antes, ao longo do livro, proponho exercícios para que, através do seu corpo, você equilibre a energia do sistema nervoso autônomo. É o ideal para mim, para me trazer de volta ao meu estado de energia equilibrada.

Seu SNA gerencia então a sua sobrevivência e a resposta ao estresse, trabalhando para mantê-lo vivo quando sua vida está em perigo, seja ele real ou imaginário. As funções do SNA são integradas a um sistema de detecção, que verifica constantemente o ambiente em busca de sinais de segurança e/ou perigo. À medida que o SNA explora o ambiente, três respostas ou estados gerais são possíveis:

(1) Estado energético seguro e equilibrado: você se sente calmo, relaxado e conectado com as pessoas ao seu redor.

(2) Estado mobilizado com energia muito elevada: acontece quando seu SNA detecta o perigo, envia um comando ao cérebro e a frequência cardíaca e a respiração aumentam. Adrenalina e cortisol são liberados e mais sangue chega aos músculos para que você possa lidar com a ameaça. Esta é a sua resposta de fuga ou luta.

(3) Estado imobilizado e energia muito baixa: acontece quando seu SNA detecta que o perigo é tão grande que você não consegue lutar nem escapar; ele o desliga. Nesse estado, a frequência cardíaca, a pressão arterial e a temperatura corporal diminuem e as endorfinas que entorpecem a dor são liberadas.

Lembre-se de que o seu SNA faz tudo isso automaticamente, sem que você perceba. Mas não use esses três estados apenas para sobreviver; para mim, o mais importante é que você aprenda. Eles também influenciam sua vida diária e a maneira como você se relaciona com o mundo. Todos os dias, quando seu SNA está funcionando bem, ele o leva com fluidez de um estado para outro: em um minuto você está energizado e pronto para a ação, e no minuto seguinte está descansando e se recuperando. Outras vezes, esses estados são mistos. Por exemplo, ao jogar, você combina estados de mobilização e segurança; em momentos de intimidade com seus entes queridos, combina estados de imobilização e segurança. Se o seu SNA permanecer flexível e fluido, ele o ajudará a gerenciar sua vida e a se tornar mais resiliente ao estresse e a eventos desafiadores ou negativos. Você será capaz de se recuperar e seguir em frente.

Desregulamentação

Infelizmente, quando você passa por um trauma e/ou estresse crônico, seu SNA pode se desregular, deixando-o em estado de sobrevivência (luta, fuga ou imobilização) quase o tempo todo. Ou seja, ficamos menos saudáveis, menos equilibrados e menos resistentes a situações difíceis. Isso acontece, por exemplo, quando uma reunião amigável se torna assustadora ou quando uma simples apresentação no trabalho se transforma em ameaça. É importante que você se lembre da definição de trauma que fiz anteriormente: no passado, ele era visto como um evento que acontecia com você, mas agora a ciência entende que trauma é uma experiência. É a sua resposta a esse evento. Lembre-se de que existe um espectro de experiências que podem ser traumáticas e causar impactos negativos, como acidentes, agressões e desastres naturais, traumas relacionais, adversidades crônicas, abusos, negligência ou falta de segurança durante o período de crescimento. Mas outras experiências também podem ser traumáticas, incluindo estresse crônico, procedimentos médicos e ambientes adversos, como a pobreza, a discriminação e a violência.

Portanto, se você tem um histórico de trauma e/ou sofre de estresse crônico, seu sistema de detecção do SNA se mantém geralmente defeituoso. Ou seja, ele sinaliza constantemente perigo para você, mesmo quando está seguro. Como um sistema de alarme que indica a presença de incêndios constantemente, mesmo quando não há fumaça ou chamas. Você vive seu dia a dia em um estado permanente de sobrevivência. Os exercícios deste livro visam precisamente regular seu SNA para que você saia do modo de sobrevivência constante.

O dr. Kaiser e sua equipe estudaram 17 mil pacientes e concluíram que existe uma ligação direta entre o que conhecemos como "experiências adversas na infância" e "saúde e bem-estar a longo prazo". Essas experiências incluem abuso físico, emocional e sexual; negligência física e emocional; problemas parentais, como uso excessivo de drogas, doenças mentais, divórcio, maus-tratos, encarceramento de parentes próximos. Dois terços dos pacientes relataram pelo menos uma experiência adversa na infância. Mais de 20% informaram três ou mais. Participantes que descreveram quatro ou mais experiências adversas na infância tinham maior possibilidade de usar drogas ou de adquirir doenças cardíacas e câncer. Com seis ou mais experiências adversas na infância, sua expectativa de vida é reduzida em quase vinte anos. O que significa que muitos dos seus sintomas físicos e emocionais atuais podem acontecer devido à desregulação crônica do seu SNA. Assim, quando você se mantém preso num estado de sobrevivência, sua biologia muda o foco das tarefas que o mantêm saudável e feliz para sobreviver às ameaças percebidas, mesmo que o perigo não esteja presente.

Por exemplo, muitas condições e sintomas crônicos difíceis de diagnosticar e tratar podem ser atribuídos a um SNA disfuncional. Além disso, experiências de infância podem influenciá-lo a evitar o contato próximo com outras pessoas hoje. Isso porque parte do seu SNA que julga o que é seguro (ou não) está desregulada. Na verdade, se a intimidade e a relação com seus pais ou responsáveis não eram seguras, então, como adulto, é provável que você rejeite, muitas vezes inconscientemente, tentativas de relações com amigos e parceiros. Mesmo que você queira se conectar, sente que não é seguro, sem ter consciência disso — e você não se permite. Em suma, traumas que podem comprometer sua capacidade de se relacionar com os outros substituem sua necessidade de conexão por uma necessidade de proteção. Isso ocorre porque, quando há um trauma, seu SNA não consegue mais diferenciar entre o passado, que certamente foi inseguro, e o presente, que provavelmente é mais seguro. Seu SNA não pode desligar a necessidade de protegê-lo, mesmo que agora você esteja seguro.

Felizmente, você pode treinar novamente seu SNA para se sentir seguro outra vez. Isso também pode ser feito, e de maneira ainda mais assertiva, com a ajuda de outras pessoas. Na verdade, seu SNA se comunica e se sintoniza constantemente com o SNA dos outros. Você reflete automaticamente estados de energia, equilíbrio ou desequilíbrio das pessoas ao seu redor. Isso é conhecido como corregulação. Observe que, se um animal de rebanho sente perigo, o grupo fica mais alerta, o que aumenta as chances de sobrevivência. Isso também acontece quando você está em meio a pessoas estressadas, irritadas ou deprimidas. Com certeza essa situação o fará se sentir pior. Mas, quando você está com pessoas calmas e felizes, você se sente melhor. Portanto, conectar-se com pessoas com SNA equilibrados, que se sintam seguras, sintonizadas e presentes, é uma das melhores maneiras de restaurar o seu SNA desregulado ou disfuncional.

Muitos estudos mostram que o envolvimento em atividades que, intuitivamente, fazem você se sentir melhor, como ioga, dançar, auxiliar os outros, caminhar nas montanhas, ajuda a manter um SNA mais regulado e resistente. Não se trata de se manter calmo ou energizado o tempo todo, mas de contar com um sistema nervoso flexível e resiliente para que você possa avaliar com precisão a segurança e o perigo — e responder adequadamente. Ser "verdadeiramente resiliente" significa ser capaz de passar de um estado para outro com fluidez.

A meu ver, o entendimento de como os estados do SNA orientam seu comportamento ajuda você a ser uma pessoa mais saudável e empática.

Teoria polivagal de Porges

O sistema nervoso autônomo é composto por três vias envolvidas em ocasiões diferentes: a ventral, a simpática e a dorsal. Cada avenida tem seu próprio conjunto de pensamentos, emoções, comportamentos e experiências corporais. A avenida **ventral** é ativada quando você sente bem-estar, está equilibrado e pronto para interagir com outras pessoas. É o sistema de conexão no qual sua vida parece administrável: você vê opções, tem esperança e ouve novas histórias. A avenida **simpática** é seu sistema de mobilização. No dia a dia, ela ajuda a regular a frequência cardíaca e respiratória e fornece energia para os movimentos ao longo do dia. Ela é ativada em seu estado de sobrevivência, estimulando o famoso "lutar ou fugir" que geralmente o leva a sentir repulsa e ficar ansioso. A avenida **dorsal** da sua vida diária regula a digestão. Quando impulsionada durante o estado de sobrevivência, torna-se o seu sistema de desligamento. Você se sente exausto, sem energia para interagir com o mundo. Você desmorona e se desconecta.

Stephen Porges também cunhou o termo neurocepção, seu sistema de vigilância interno e subconsciente que coleta informações por meio das três avenidas que acabei de descrever. Através da neurocepção, você emite e recebe mensagens de segurança ou alarme. Graças a essa informação, você passa de um estado para outro ao longo de suas três avenidas vagais.

Exercício
Micromomentos (ventral)

Ao longo do seu dia, tenho certeza de que surgem muitos micromomentos em que você vive um estado de bem-estar, equilibrado e pronto para interagir com os outros. No entanto, muitas vezes eles passam despercebidos. Esses micromomentos de bem-estar podem ocorrer quando você vê um rosto amigável, ouve um som calmante ou percebe algo no ambiente que o faz sorrir. Infelizmente eles são facilmente esquecidos, porque seu cérebro está programado para prestar mais atenção a eventos negativos do que a positivos. Mas, uma vez que você aprende a notá-los, descobre que eles estão ao seu redor e começa a procurar por outros. Você está interessado em tentar a seguinte exploração?

Identifique micromomentos de bem-estar. O que acontece no seu corpo? O que você sente, pensa ou faz? Observe o que está ao seu redor e procure-os intencionalmente. Identifique locais e horários nos quais eles aparecem regularmente e crie o hábito de retornar a eles. Defina a intenção de estar aberto para encontrar micromomentos inesperados. Você pode ter um diário de micromomentos.

Exercício
De discernimento (simpático)

Quando sinais de perigo do seu passado são ativados no presente, você pode rapidamente ser levado a um estado de sobrevivência e entrar em um padrão repetitivo de autodefesa. A prática do discernimento traz consciência para o momento presente e o ajuda a tomar decisões diferentes, em vez de simplesmente repetir o mesmo comportamento. Quando você experimentar o que parece ser uma reação excessivamente intensa a uma situação, pergunte-se: "Neste momento, lugar, com esta pessoa ou estas pessoas, este nível de resposta é necessário?".

Exercício

Exausto [dorsal]

Quando você começa a se sentir exausto física e emocionalmente, sente uma mudança de intensidade em sua energia. Você se desconecta do seu corpo, pensamentos, emoções e comportamentos. Compreender como vivencia esse estado ajuda você a se estruturar para tornar esse momento menos assustador. Aprenda as maneiras pelas quais suas respostas à sobrevivência, à imobilização ou ao desânimo começam a ser ativadas. Lembre-se de uma época em que sentiu sua energia enfraquecida e começou a se desconectar. Corpo: observe como seu corpo mostra que a energia está fraca. Cérebro: ouça os pensamentos que surgem. O que pensa sobre você, o mundo e as pessoas ao seu redor? Identifique as emoções que aparecem. Comportamentos: observe as ações que deseja realizar. Elas podem ser impulsos internos ou comportamentos reais com os quais você se envolve.

Apego

Anteriormente, relacionei a trama de conexões do ventrovagal ao seu estilo de apego. Chamamos de apego o vínculo que você busca, e inevitavelmente encontra, ao se relacionar com outras pessoas para sobreviver emocionalmente na sociedade. A teoria do apego, criada pelo psiquiatra John Bowlby, remonta à década de 1960 e descreve apegos seguros, que dão origem a pessoas com boa autoestima e qualidade nas relações que estabelecem com os outros; e apegos inseguros, que dão origem a pessoas ansiosas ou inibidas, com mais dificuldades de relacionamento.

Em geral, o apego seguro é construído quando adultos de referência da criança souberam ou conseguiram responder de forma coerente, afetiva e próxima às suas demandas. Eles ofereceram proteção, empatia e respeitaram sua individualidade. Dessa forma, quando o medo se desencadeia, a criança pode ir até eles para se acalmar e continuar explorando o mundo com segurança. Do contrário, quando a referência ou cuidador da criança nem sempre está disponível, estando presente física e emocionalmente apenas em determinadas ocasiões, suas necessidades nem sempre são satisfeitas. Tal fato causa ansiedade na criança quando se separa do cuidador e medo ao explorar o mundo.

Quando adultos, tornam-se pessoas com grande necessidade de intimidade, mas, ao mesmo tempo, inseguras nas relações com os outros. Isso é conhecido como apego ansioso. A criança que se separa de sua referência e responde com choro e angústia, e quando seu cuidador retorna ainda não se sente aliviada, desenvolve um apego ambivalente. A criança poderá inclusive atacar outra, e ficará cada vez mais difícil que ela se acalme e retome a brincadeira. Essas crianças não confiam na capacidade dos adultos de cuidar delas constantemente, pois em sua experiência se sentiram abandonadas.

No entanto, a criança que não sofre com a separação do seu cuidador (quando ele retorna, ela não comemora), e parece não precisar de ninguém para explorar seu mundo, demonstra um **apego evitativo**. Sente-se vulnerável em relação aos outros e, portanto, prefere manter uma distância segura. Este é um apego de vinculação desorganizada. Ocorre quando o cuidador apresenta respostas desproporcionais, inadequadas e incoerentes. A criança não aprende o que fazer para desfrutar de um apego "seguro". Muitas vezes ela se congela emocionalmente, o que a conduz à dissociação (parassimpático dorsal) para conviver com o medo que o vínculo proporciona. Isso certamente lhe causará sérios problemas psicológicos durante a vida adulta. No entanto, qualquer que seja seu estilo de apego, você sempre poderá conseguir um apego seguro.

Como? Com terapia.

Ressonância límbica

Com um apego inseguro, e consequentemente um SNA desregulado, durante alguma situação de medo seu sistema nervoso simpático irá acelerar. Jatos de adrenalina afetarão seus músculos e órgãos. Quando isso se repete, para compensar, seu sistema nervoso parassimpático ventral, seu "calmante", é ativado. No entanto, se isso acontecer muitas vezes, seu sistema nervoso parassimpático dorsal será ativado, o que ocasionará paralisia e desconexão dos estímulos externos e sensações.

Ou seja, com o apego inseguro você se desconecta de suas emoções, afetando seu sistema límbico. Essa é uma pequena amostra de como seus relacionamentos interferem na estrutura e funcionamento do seu cérebro e, como verá mais adiante, também impactam sua fisionomia. Isso é conhecido como ressonância límbica; a forma como os corpos que vivem próximos afetam uns aos outros. O exemplo mais estudado é o das mulheres que, ao viverem juntas, sincronizam seus ciclos menstruais. Seu corpo é um sistema aberto, e seu sistema límbico se sincroniza com o dos outros.

Outros exemplos: pais que sincronizam a respiração e os batimentos dos filhos, mães que seguram os filhos mais para o lado esquerdo que para o direito, mesmo em culturas muito diferentes, para que seus corações fiquem sincronizados. O coração fala uma linguagem fisiológica silenciosa de conexões todos os dias. Além disso, segurando o filho do lado esquerdo, o olho esquerdo da mãe olha para o olho esquerdo da criança, com o qual é feita a conexão com o hemisfério direito do cérebro — aquele dos sinais não verbais. O mesmo acontece com pais adotivos ou avós. A ressonância límbica segue um caminho neurobiológico semelhante ao da inteligência sensorial, mas inversamente. Ou seja, você pode se conectar e saber mais sobre o que a outra pessoa está passando e sentindo quando faz isso primeiro com seu próprio corpo. Estamos biologicamente ligados. Se você não for capaz de criar autoconsciência, terá uma capacidade reduzida de estar presente consigo mesmo e com os outros.

No próximo capítulo, você verá como o corpo se *prepara* por meio das relações construídas entre seus neurônios e músculos. E aprenderá a sentir, depois de estudar seus níveis de energia, uma das características de suas sensações: os níveis de tensão ou pressão sentidos por diferentes partes do seu corpo.

Exercício
Energético

Quero ajudá-lo a aprender a sentir, a sentir a si mesmo. Sentir mais requer aprender a identificar e dar nome às sensações do seu corpo. Sentir-se mais fortalece as redes envolvidas em sua inteligência sensorial e no córtex pré-frontal medial, relacionadas à orquestração de suas respostas emocionais e estados de alerta; ambas são necessárias para o correto desdobramento dos seus comportamentos.

Reserve cerca de 30-60 segundos para *sensar* seu estado de energia, usando palavras sobre o que você sente:

Como você se sente em relação à sua energia no momento? Observe a escala a seguir e posicione-se.

Desligado **Letárgico** **Relaxado** **Energizado** **Intenso** **Frenético**

Quais outros atributos descrevem seus estados energéticos neste momento? Faça sua própria escala.

Exercício
Na tempestade

Quando você sente raiva e/ou ansiedade, seu sistema nervoso tenta mantê-lo seguro durante os desafios da vida diária. Aprenda a reconhecer os sinais em seu corpo que o levam a um estado de luta ou fuga.

Observe os momentos em que você sente raiva (luta) ou ansiedade (fuga) crescendo em seu corpo.

Identifique o que faz você querer lutar.
Sinta as sensações ou sinais do seu corpo.
Observe suas emoções e pensamentos.
Identifique as ações que você deseja realizar.

Identifique o que faz você querer escapar.
Sinta as sensações ou sinais do seu corpo.
Observe suas emoções e pensamentos.
Identifique as ações que você deseja realizar.

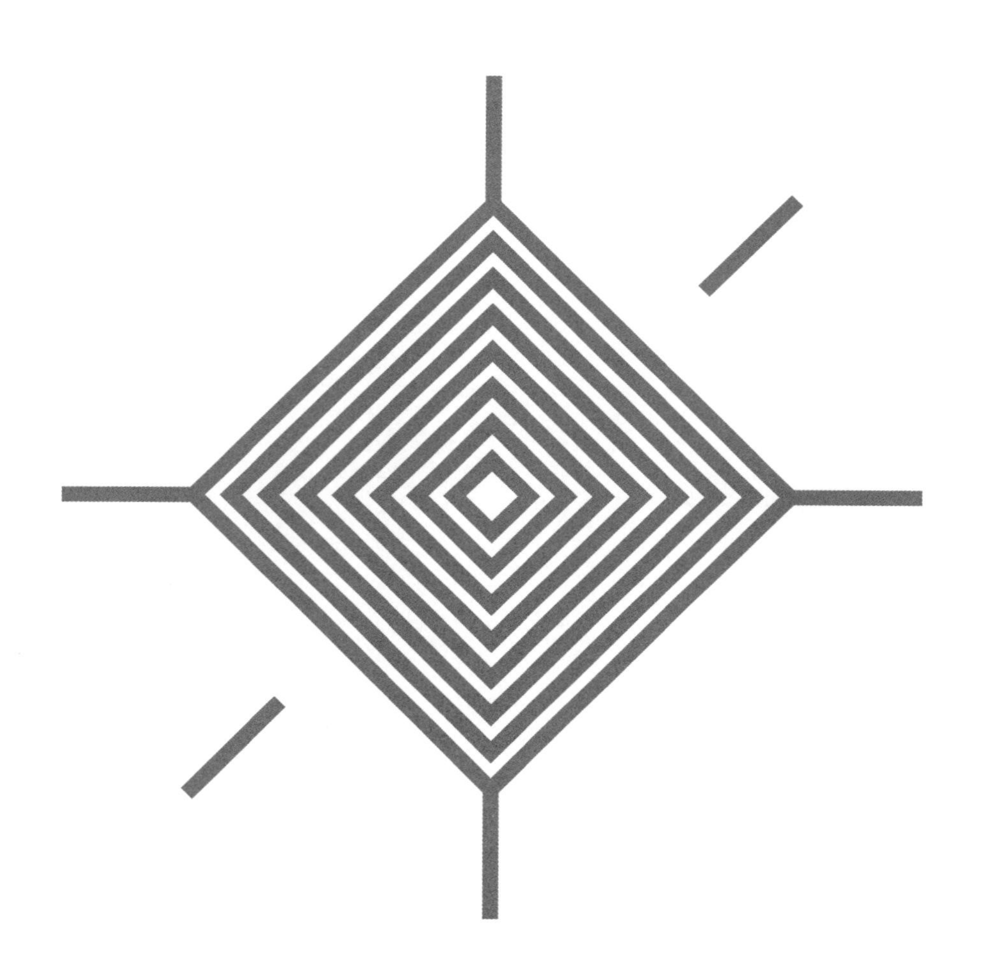

CAPÍTULO 3
TENSÃO

Se tem solução, por que você está chorando?
Se não há solução, por que você está chorando?
Você não deve desperdiçar esta vida preciosa
se arrependendo de coisas que não têm solução.
FILOSOFIA ZEN

Minha tensão

Quando me refiro à tensão característica de uma sensação, falo sobre a pressão que você pode sentir no corpo em uma faixa muito ampla, variando do "sinto este pedaço do meu corpo" *completamente relaxado* a *completamente rígido*. No entanto, quando seu corpo ou parte dele fica tenso, sua mente também fica. É o que você comumente chama de "estar preocupado". Uma mente preocupada ou tensa gera mais tensão no corpo, criando assim um círculo vicioso. Fique atento para primeiramente começar a registrar as preocupações que tensionam seu corpo. Isso acontece porque mente e corpo compõem um todo. Somos um. ***Se o corpo fosse o mar, sua mente seriam as ondas.***

Muitas vezes, para acalmar sua mente dessa preocupação-tensão, será necessário que você acesse e intervenha no seu corpo, por exemplo, por meio de exercícios físicos ou de relaxamento. Outras vezes, para reduzir a tensão corporal, você pode intervir na mente, por exemplo, fazendo meditação ou usando técnicas de respiração consciente. Ou seja, na maior parte do tempo você não consegue acalmar a mente com sua mente, nem o corpo com seu corpo.

Lembro-me detalhadamente do momento mais tenso dos últimos vinte anos. Foi um desgaste mental e físico. Ainda hoje não consigo definir com qual dos dois começou. Agora, olhando sob outra perspectiva, não acredito ter sido uma coincidência que, naquele momento de extrema tensão, eu tenha abordado pela primeira vez o budismo, a meditação e a filosofia zen.

O ano era 2003. Era noite e eu fazia compras no supermercado do meu bairro, um mercadinho bem colorido e charmoso na avenida Broadway, no bairro de Cambridge, onde fica a Universidade Harvard. Naquela época, eu estava fazendo pesquisa como pós-doutorando na Escola de Medicina do Hospital Infantil de Boston. Ao mesmo tempo, dava aulas à noite como chefe de trabalhos práticos na disciplina de Biologia Genética e Molecular na FAS, Faculdade de Artes e Ciências de Harvard.

Numa noite de grande tensão, inundada de um estresse crônico e galopante, naquele pequeno mercado, dois monges budistas com suas carecas e vestes laranja acidentalmente esbarraram em mim com um carrinho de compras, na parte de trás das minhas pernas, enquanto eu esperava na fila do caixa.

Agora que escrevo isso, me pergunto: será que foi intencional?

Ao sentir o golpe, me virei e os xinguei em espanhol quase gritando, comportamento motivado pelo meu estado emocional desagradável e, obviamente, abaixo do nível da minha consciência. Poucos minutos depois, me arrependi de minhas ações. Não creio que os monges falassem espanhol ou que me entendessem, mas certamente decifraram meu estado geral. Eles sorriram para mim, o que não só me confundiu como me acalmou um pouco. Imediatamente depois de ter gritado com eles e recebido seus sorrisos, eles me entregaram um panfleto em preto e branco que coloquei na mochila, já tentando ser um pouco mais respeitoso, embora meu coração ainda estivesse acelerado. Uma semana depois, arrumando minha casa, encontrei aquele papel. Era um convite para participar de algumas conferências que o Dalai Lama faria no MIT. Pouco tempo depois, essas conversações se transformaram numa série conhecida como "Conversas com o Dalai Lama".

Como muitas das grandes descobertas da ciência (que acontecem por acaso ou enquanto os cientistas procuram uma coisa para depois encontrar outra), decidi, intuitivamente, que aquela era uma oportunidade de ouvir algo diferente do que vinha fazendo nos últimos treze anos. Sete anos de bacharelado em Biologia, em Buenos Aires, cinco anos de doutorado na França e quase dois de pós-doutorado nos Estados Unidos. Não creio ter sido uma coincidência que a data da conferência fosse apenas um dia após ter encontrado aquele papel amassado na minha mochila.

Chegando ao MIT, sentei-me nos últimos assentos do anfiteatro, observando com curiosidade os nerds que lotavam o corredor para se sentarem na primeira fila como animais em busca do último pedaço de comida. Pela primeira vez e com espanto, ouvi atentamente sobre o budismo e o papel da meditação, com suas implicações cientificamente comprovadas na saúde física e mental. Obviamente reconheci à distância, no palco, bem ao lado do Dalai Lama, meus dois *amigos* budistas do mercado. Aquilo me deixou feliz. Sem saber, estava vivendo o início da minha carreira atual como divulgador e escritor. Ali despertou meu interesse por meditação, neurociência e pela íntima relação entre espiritualidade e ciência.

Muito mais tarde, anos depois, consegui decifrar o estado de tensão que eu vivia naquela época, tanto física como mentalmente. No meu caso, essas descobertas vieram por conta da terapia psicológica que fiz primeiro com Raquel Limonic, em Boston, e depois com Carlota Ramirez, em Buenos Aires. Ou seja, aproximando-me e entendendo meus pensamentos e o que dizia a mim mesmo sobre a minha situação. Muito recentemente, também aprendi e pude sentir o estado de tensão do meu corpo, principalmente do trapézio, ombros, omoplatas, mandíbula e cervical. Além de constatar um "nó comprimido" que sentia quase todos os dias no centro do peito. Por que cheguei àquele estado quase catastrófico desencadeador de uma série de sintomas físicos e mentais bastante terríveis? Esses sintomas me levaram a visitar muitos consultórios médicos por anos. Meu nível de tensão mental impactou meu corpo e vice-versa. Fez diversos órgãos e vísceras sofrerem de tal forma que me levou a perceber que algo em mim não estava bem. Sensações brutais.

Quando comecei a perceber esse estado de tensão generalizada, principalmente nas costas, iniciei a prática de técnicas físicas e outras ferramentas mentais para desbloquear músculos e pensamentos negativos. Não vou mentir para você, este é um trabalho que faço até hoje. Mas com meu aprimoramento e progresso, graças ao esforço realizado e, principalmente, à capacidade de me observar e sentir meu corpo, fizeram com que hoje eu possa me definir como uma pessoa com saúde física e mental muito melhor do que há vinte anos, em 2003.

> Minha experiência me diz que a maioria das coisas não é assim tão ruim como pensei que seria.
> **FILOSOFIA ZEN**

Exercício

Como posso saber se a meditação está melhorando minha qualidade de vida?

A primeira frase que você lerá a seguir está associada aos efeitos positivos da meditação; a segunda mostra que você ainda não os está incorporando.

Eu me aceito como sou.	**VS.**	Posso estar experimentando alguma emoção e só perceber isso algum tempo depois.
Sou capaz de sorrir quando vejo que às vezes complico minha vida.	**VS.**	Acho difícil manter o foco no que está acontecendo no presente.
Em situações difíceis, posso fazer uma pausa sem reagir imediatamente.	**VS.**	Tenho tendência a não notar sentimentos de tensão física, ou desconforto, até que realmente chamem minha atenção.
Vivencio momentos de calma e paz interior, mesmo quando as coisas ficam agitadas e estressantes.	**VS.**	Concentro-me tanto no objetivo que desejo alcançar que perco o contato com o que estou fazendo no momento.
Permaneço no presente com minhas sensações, mesmo quando elas são desagradáveis ou dolorosas.	**VS.**	Belisco sem ter consciência do que estou comendo.

Isso me aflige

Quando penso em **tensão**, imediatamente me vem à mente como meus ombros, omoplatas e trapézio ficam tensos quase todos os dias do ano. Mas o que acontece se, em vez de pensar, tento sentir essa tensão e suas diferentes intensidades em outras partes do meu corpo? São anos carregando essa pressão no peito e nos ombros. Os músculos ficam tensos em momentos de estresse, o que não me surpreende, mas também em momentos de extrema calma e relaxamento. Anti-inflamatórios em toda parte.

Essa tensão muscular se refere à rigidez causada pela contração contínua de um ou mais músculos. Muitas vezes é possível detectá-los pelo toque como pequenos nódulos ou inchaços. Como de costume, ouvimos dizer quando alguém nos toca: "Você tem um nó". Se isso persistir, poderá causar diversos sintomas, como contraturas, tonturas, dores de cabeça, fadiga e ansiedade. Muita ansiedade. Muitíssima ansiedade. Tenha cuidado: quando seu músculo está sobrecarregado ou lesionado, nem sempre a causa é estresse ou emoções. Pode ser que, durante o exercício, você não tenha ingerido líquidos suficientes ou que esteja com níveis baixos de minerais, como potássio ou cálcio. Muitas vezes me negligenciei e acabei culpando meu estresse ou meus *distúrbios* emocionais — algumas, talvez, com razão —, mas nunca havia escutado ninguém falar sobre meus biocomportamentos e respectivos padrões neuromusculares.

Exercício
De tensão

Quero ajudá-lo a aprender a sentir, sentir a si mesmo. Sentir ***mais*** requer aprender a identificar e nomear sensações do corpo. Sentir-se mais fortalece as redes envolvidas em sua inteligência sensorial e no córtex pré-frontal medial, ligadas à orquestração de suas respostas emocionais e estados de alerta, ambos necessários ao correto desdobramento de seus comportamentos.

Com os olhos fechados, examine seu corpo da cabeça aos pés, prestando mais atenção aos seguintes locais: **pés, panturrilhas, coxas, quadris, nádegas, abdômen, tórax, braços, mãos, pescoço, mandíbula, olhos, testa e o topo da cabeça**. Reserve cerca de 30-60 segundos para cada parte e sinta as tensões que nela existem, colocando em palavras o que você está sentindo:

Qual tipo de ***tensão*** *você sente em cada parte do seu corpo?* ***Registre seu estado de tensão na escala a seguir e posicione-se.***

Desligado Letárgico Relaxado Energizado Intenso Frenético

Quais outros atributos descreveriam seus estados de tensão neste momento? Faça sua própria escala.

Biocomportamentos

Para entender melhor a relação entre o corpo e seu cérebro, ou seja, o assunto de *ZensorialMente*, você precisa conhecer um conceito bastante estudado por alguns pesquisadores: "personificação ou incorporação" (do inglês: *embodiment*). **Personificar** é a extraordinária capacidade que seu corpo tem de realizar diferentes ações, comportamentos e interações complexas, mas no piloto automático. Algo como seu corpo já sabe "o que vem a seguir" ou "como responder" a um evento, situação ou pessoa. Esses tipos de comportamento ou resposta do corpo são quase sempre os mesmos, por isso são conhecidos como **padrões**. O conceito de *personificar* não tem relação com sua beleza ou condição física, nem com a imagem do seu corpo (ou do seu corpo como uma máquina feita de várias peças). O termo se refere ao corpo como o reflexo da pessoa que nele vive. É a representação em seu corpo da expressão de algo tangível ou visível.

Por exemplo, você *personificou* seu corpo de tal forma que desenvolveu o hábito de se distanciar emocional e/ou fisicamente de seus amigos ou familiares, impossibilitando a criação de intimidade, como vimos no capítulo anterior. Outra pessoa *incorporou* um hábito contrário, aproximando-se habitualmente e criando intimidade com seus familiares próximos. Diz-se que você está *incorporado* quando tudo isso acontece sem que você perceba, sem que esteja consciente, no piloto automático. À medida que você cresce, esses comportamentos, ações, gestos, posturas e formas de se mover no mundo repetidas com mais frequência se *personificam* em você. Esses são os seus **biocomportamentos**. Ou seja, hábitos que afetam não só a composição do seu cérebro e a conexão dos seus neurônios, mas também seu corpo e sua conformação: a forma como você age, se move, se senta etc. Se ajo e me movo, há mais de trinta anos, com os ombros na altura das orelhas, como posso não sentir aquela tensão muscular no trapézio, nas omoplatas e na parte superior das costas? Ou seja, manter os ombros na altura das orelhas, tensos, e apertar os outros tecidos é um dos meus biocomportamentos.

Os biocomportamentos também são acompanhados pelos chamados *pontos cegos*. Como o próprio nome indica, eles são biocomportamentos que, além de você não ter consciência de que os tem incorporados — *personificados* —, afetam frequentemente seu desempenho profissional, social e familiar. Meus ombros levantados até as orelhas eram pontos cegos, pois, além de eu não perceber essa postura, afetavam minha capacidade de praticar esportes, relaxar e até de pensar com mais clareza. Agora que detectei isso, posso tentar mudar. Não se trata mais de um ponto cego, mas ainda é um biocomportamento.

Você consegue, com essas informações simples sobre biocomportamentos e seus pontos cegos, tentar detectar um ou alguns dos seus?

É normal que você pense no seu corpo em termos de aparência, capacidade física ou problemas de saúde. Às vezes você até se refere a ele como uma máquina e o trata como um veículo para chegar à sua próxima atividade. Eu fazia isso. Não é tão comum pensar que o corpo tem um papel fundamental na sua vida social e emocional. No entanto, o corpo tem uma inteligência incrível, que ajuda você a navegar em suas experiências e relacionamentos mais importantes: a inteligência sensorial.

Seu corpo não apenas sabe como se sentir como percebe suas experiências sociais e emocionais. Ele é a lente através da qual você percebe seu mundo de relacionamentos, e é o instrumento através do qual você age de determinadas maneiras. Você não vê o mundo como ele é, mas sim como você é. Seu corpo, cérebro e comportamentos são moldados em resposta às suas experiências. Essa modelagem é representada principalmente pelas experiências que você teve com mais frequência. Tudo isso afeta as possibilidades que você *vê* na sua vida, as opções que escolhe e as ações que toma. Cada ação que você executa envolve seu corpo. Seu corpo afeta tudo que você faz. O fato de você conseguir ajustar seus níveis de tensão é fundamental para seu desempenho correto em qualquer circunstância.

Você consegue, com essas informações simples, detectar como a situação dos seus movimentos, gestos e postura impacta algum comportamento que você gostaria de mudar?

Cérebro e corpo

Seus biocomportamentos são estabelecidos como um problema de adaptação biológica, e a maioria deles ocorre, como vimos, sem que você perceba. Na verdade, um recém-nascido tem nas mãozinhas as mesmas estruturas básicas que você, mas menores, com mais cartilagem e ossos menos densos. Mas o cérebro dele é muito diferente do seu — e daquele que ele terá aos 15, 35 ou 50 anos. Isso acontece porque o cérebro foi projetado para se estruturar e se formar de acordo com o ambiente. Alguns biólogos pensam que todo o seu sistema nervoso evolui para mantê-lo em equilíbrio com o mundo ao seu redor. Você tem que estar imerso nesse mundo para se adaptar melhor a ele. À medida que seu **cérebro** se desenvolve, ele começa a servir como um **instrumento detector de padrões** que busca a garantia de que seus comportamentos de vida produzam interações bem-sucedidas com o mundo. É através de alterações físicas, químicas e estruturais nos neurônios relevantes que esses padrões são estabelecidos no piloto automático. Por exemplo, o cérebro conecta os nervos do braço, cérebro e medula espinhal aos músculos da mão e dedos para que você possa levar um garfo à boca. Ou para que você comece a associar o riso à felicidade. Esse processo adaptativo ajuda na automatização de comportamentos (biocomportamentos), permitindo que você sobreviva e prospere. E, ao colocá-los no piloto automático, você libera energia para ser utilizada em outras coisas.

Seu cérebro, ou melhor, seu sistema nervoso como um todo, aprende de duas maneiras diferentes; uma vez feito isso, ele leva o aprendizado para o seu corpo.

Na primeira maneira, ele conecta o que é conhecido como redes de associação. Isso acontece quando você associa algo novo a algo antigo ou familiar. Por exemplo, as redes neurais do seu *cão* estão associadas a outras redes que podem ser *caminhadas, latidos, pelos, ossos* etc. Quando você aprende sobre *pulgas*, essa nova rede neural se conecta com aquelas associadas aos *cães*. Química e fisicamente, os dendritos, que parecem pequenos ramos ou fios que saem do corpo dos neurônios (que transmitem as informações), ouvem essas novas informações e estimulam com sinais elétricos, comunicando-se com o axônio de outro neurônio, neste caso, pertencente à rede de associações *caninas*. Dessa maneira, seu cérebro armazena, analisa e compara padrões e redes de associação: com o que se relaciona? O que é parecido? O que é diferente? O que está faltando? E faz isso prevendo o que vai acontecer. Ele grava e compara padrões, e responde a eles como você já fez no passado. Essas redes de associação tecidas e construídas permitem colocar atividades, ações e comportamentos no piloto automático para, repito, liberar energia para outras coisas. Basicamente, seu cérebro é um instrumento de detecção de padrões.

A segunda maneira de aprender com o sistema nervoso é conhecida como potenciação de longo prazo. Ela é definida como o aumento duradouro na comunicação sináptica entre dois neurônios, por terem sido estimulados com muita frequência. Ou seja, quanto mais você repete um pensamento, emoção, ação ou comportamento, mais desse pensamento, emoção ou daquela ação você terá; isso significa que mais neurotransmissores ativarão as conexões ou redes entre os neurônios. Esse processo faz com que o espaço sináptico aumente (entre o dendrito de um neurônio e o axônio do outro), e que essas redes se conectem mais e melhor. Quanto mais você as usa, mais e melhor elas se conectam. Isso aconteceria se dois (ou mais) neurônios começassem a se unir de maneira fraca e, na repetição desse pensamento, emoção ou ação, esses mesmos neurônios criariam um laço mais forte. Exemplos: se eu continuar pensando — porque ouvi muitas vezes dos meus pais — que *eu não sou bom em esportes*, com o tempo o pensamento de que *não sou bom para esportes* se torna minha verdade. Se sempre que meu time favorito perder eu me sentir triste, na próxima vez que ele perder haverá uma boa chance de eu me sentir triste. Se eu treinar meu saque no tênis com muita frequência, com o tempo vou começar a sacar sem pensar e sempre da mesma forma. Tudo isso é potencialização de longo prazo, ou seja, a forma como o cérebro e os nervos (que vão da medula espinhal ao resto das extremidades) aprendem.

Padrões neuromusculares

Padrões neuromusculares são aquilo que seu cérebro (neuro) aprende — por meio de redes de associação ou potencialização de longo prazo — e leva para as ações de seus músculos (musculares). Seus biocomportamentos são os padrões que permitem a tomada de ações e a maneira como você se comporta na vida. Movimentos que você faz, como já mencionei, fora do seu nível de consciência.

Nos primeiros anos de vida, seu corpo e cérebro estão em pleno desenvolvimento. Bilhões de sinapses são criados. Então, na adolescência, muitas dessas conexões se perdem e apenas aquelas que você mais usou sobrevivem. Essa proliferação e, ao mesmo tempo, a perda de certas conexões neuronais se tornam aquilo que, em última análise, estabelece padrões neuromusculares em todo o sistema nervoso. **Um padrão neuromuscular é, então, uma sequência de contrações musculares que resulta em um movimento específico.** Esses padrões são *armazenados* no córtex motor do cérebro e se tornam responsáveis por *armar* seu corpo com biocomportamentos.

Quanto mais você usa um padrão neuromuscular, mais forte ele se torna, porque os nervos motores utilizados se tornam mielinizados. *Quanto mais forte ele se torna*, menos chances você terá de fazer esse mesmo movimento de maneira diferente da usual. A mielinização faz com que esses nervos se tornem mais e melhor conectados. Ao fazer um movimento, imagine que exista uma *fila* de neurônios; mas, ao repeti-lo muitas vezes, você poderá visualizar um *cabo de aço* de neurônios. Por isso, seus padrões habituais de como você se posiciona ou se move são muitas vezes difíceis de mudar.

Seus biocomportamentos, ou seja, a maneira como você desenvolveu seus padrões neuromusculares, dizem muito sobre você. Por exemplo, você já se perguntou se usa mais os quadríceps ou isquiotibiais para subir escadas? Certamente não. Ginny Whitelaw, criadora do Instituto de Liderança Zen, fez isso. Ela e sua equipe mostraram que os padrões de movimento das pessoas têm correlações positivas claras com várias avaliações e testes de tipo de personalidade amplamente utilizados, como Myers-Briggs, DISC e NEO. A ferramenta usada para avaliar e sentir seus movimentos — e como você os executa — é conhecida como FEBI (*Focus Energy Balance Indicator*). Ou seja, a forma como você se movimenta revela muito sobre quem você é.

Seja subindo uma escada, se preparando para bater um pênalti ou lavando pratos, movimentar seu corpo depende de uma rede de comunicação que começa no córtex somatossensorial — relacionado às sensações e ao movimento — e desce pelos músculos esqueléticos dos braços, pernas e tronco. A relação entre os neurônios dessa rede e as fibras musculares nos permite andar, sentar, ficar em pé ou se mover. Ou seja, somos tão diferentes por dentro quanto por fora. Cada padrão neuromuscular é único.

Na década de 1930, a psicóloga Josephine Rathbone descobriu que existem quatro padrões neuromusculares. Mais tarde, a dra. Valerie Hunt confirmou a tese. Aparentemente, quando criança, você começou a confiar mais em um ou dois desses quatro padrões. A ideia é que seus músculos esqueléticos trabalham em pares. Os músculos flexores fecham o ângulo de uma articulação, como dobrar os joelhos. Os músculos extensores fazem a abertura do ângulo e o colocam novamente na posição inicial. Como seus músculos podem apenas exercer uma força de tração, caso não funcionassem em pares assim, você estaria em apuros. Por exemplo, depois de dobrar a perna, você nunca mais conseguiria desdobrá-la.

No entanto, primeiro Josephine Rathbone e depois Valerie Hunt observaram que esse funcionamento não é tão simples como usar o bíceps para dobrar e o tríceps para esticar. Elas descobriram que as pessoas têm preferências por padrões de movimento distintos, dependendo de como usam determinado *casal* de músculos. Alguns usam os dois músculos ao mesmo tempo. Outros tensionam o extensor logo antes de flexioná-lo, resultando em um movimento rápido e poderoso. Outros usam bíceps e tríceps em igual medida, criando grande precisão de movimento. Alguns oscilam entre os dois em sequências alternadas. E, por fim, há quem dependa principalmente dos músculos flexores, o que gera uma contração mais lenta.

Salvo doenças ou lesões significativas, todos temos capacidade neurológica e muscular para usar qualquer um desses padrões. Mas você, assim como eu, tem suas preferências. *Seus* padrões neuromusculares. Ao praticar um estilo de movimento diferente do seu padrão preferido, você pode aproveitar e desenvolver certas habilidades que usou muito pouco ou recuperar pontos fortes desses padrões utilizados em demasia.

Lembre-se de que esse processo de desenvolvimento cerebral e seus consequentes padrões neuromusculares dependem sempre das suas experiências de vida: o que acontece com você e como reage ou responde a isso.

Dessa forma, o rápido desenvolvimento do corpo e cérebro começa a associar e estabelecer suas respostas emocionais no piloto automático. Por exemplo: calor quando sente ódio, tremor quando sente medo, contratura nos ombros quando fica com raiva, coceira quando sente vergonha, palpitações quando se apaixona, dor de barriga quando está nervoso etc. A mesma coisa acontece com seus comportamentos sociais. Por exemplo: olhar para baixo se sentir vergonha ou sorrir ao conhecer pessoas que fazem você se sentir bem. Quando você chega à juventude, já conta com associações bem estabelecidas em sua mente, muito próprias e únicas, sobre o que pensa sobre o mundo, modos de ser e hábitos de relacionamento. Cérebro, mente e corpo inter-relacionados.

Quando seu cérebro e corpo automatizam tudo isso, fica mais fácil prestar atenção em outras coisas de seu interesse ou que precisam ser feitas, como esportes, ciências, literatura etc. É a liberação de energia que mencionei anteriormente. Essa automação é a maneira como você desenvolve seus pontos fortes, a qual se torna *naturalmente* fácil e sem esforço. Porém, como acabamos de ver, quando *incorpora* ou traz essas experiências e processos para o corpo, seus pontos cegos também aparecem, tanto no cérebro quanto no corpo. São os biocomportamentos que você realiza de forma automática e inconsciente e que talvez em algum momento da vida tenham sido úteis, mas que já não fazem bem, não o ajudam ou se tornaram ineficientes. Mesmo que tenha a sorte de poder descobri-los, eles parecem difíceis, mas não impossíveis, de erradicar.

Segundo a bióloga Amanda Blake, esses processos são altamente adaptativos e ocorreram ao longo de milhões de anos. Graças a eles, pudemos ter acesso ao que ela chama de "nutrientes para sobreviver e prosperar no planeta". Um processo adaptativo é aquele que às vezes busca estabilidade e, outras vezes, mudança. Segundo Darwin, o ser humano precisa se adaptar ao ambiente para atingir seus objetivos. Para Blake, seus nutrientes para sobreviver e prosperar representam a segurança, a conexão social e o respeito pelos outros. Eles também são essenciais hoje. Blake associa o desenvolvimento evolutivo do seu cérebro a cada um desses nutrientes. Segurança graças ao seu cérebro mais antigo, reptiliano e instintivo; a capacidade de se conectar consigo mesmo e com os outros por meio do cérebro límbico. Ele contém estruturas que permitem o desenvolvimento da linguagem corporal, vocalização e expressões faciais; e finalmente, respeito, dignidade ou status social graças ao seu neocórtex.

Ou seja, seu cérebro adquiriu, nos primeiros anos de vida, estratégias para mantê-lo vivo, conectado e ser respeitado, e depois as colocou no piloto automático. Mais uma vez, são seus biocomportamentos atuando, com seus padrões neuromusculares. Por exemplo: quando você leva à boca o garfo com um pedaço de brócolis (segurança, sobrevivência); quando sorri para sua mãe ao chegar em casa (conexão); quando pede para ser ouvido na mesa da família (respeito); e faz tudo isso sem pensar.

Resumindo, padrões neuromusculares que constroem seus biocomportamentos estão ligados às suas ações, à maneira como você faz as coisas e à sua personalidade.

Cérebro_EXT

É fundamental o entendimento de que seu cérebro não termina na base do crânio. Seu cérebro precisa se comunicar com todo o seu corpo para que consiga fazer qualquer coisa, tanto as ações no piloto automático, sem pensar, como as planejadas. **Definitivamente, seu corpo inteiro sente tudo o que acontece na sua vida emocional e social.** O cérebro das crianças tende a aprender com tudo o que pode ser sentido e tudo o que se move. Seus centros de fala e linguagem não se formam até os dois anos de idade, e levam mais alguns anos para se desenvolver completamente. Porém, o córtex somatossensorial, relacionado às sensações e ao movimento, está ativo desde o nascimento e termina de se desenvolver aos quatro anos de idade. Isso significa que, quando criança, você não adotou seus biocomportamentos, padrões emocionais e relacionais atuais de forma abstrata, mas sentindo e *sensando* com seu corpo.

Como expliquei, esses biocomportamentos formados por seus padrões neuromusculares foram registrados no piloto automático em seu cérebro e corpo. Certamente, eles foram úteis ou eficientes quando você era pequeno. No entanto, alguns deles hoje podem ser a causa de você "se encontrar em apuros", de sentir desconfortos, de tomar decisões erradas e de encontrar dificuldades relacionadas com os outros e consigo mesmo. São os seus pontos cegos. À medida que você desenvolve sua inteligência sensorial, será capaz de perceber alguns de seus pontos cegos e, com esforço, trabalho e disciplina, poderá modificá-los para seu próprio benefício.

Exercício

Descubra os pontos cegos dos seus biocomportamentos

[adaptado de Amanda Blake]

Este processo é uma oportunidade para explorar as origens de ***quem você se tornou.*** Quais coisas moldaram você? Sua personalidade, pontos fortes, identidade, visão de mundo, hábitos. Quais eventos ou circunstâncias contribuíram para ser quem você é hoje? Responder a isso também pode dar a você uma nova perspectiva sobre as coisas bonitas que você tem na vida.

1. Escreva um inventário dos seus pontos fortes e limitações.

2. Escolha dois pontos fortes dos quais você mais se orgulha, e depois pense e anote uma característica, comportamento, limitação ou desafio que constantemente o atrapalha — e que se relacione com um desses dois pontos fortes. Por exemplo: no meu caso, a perseverança é, a meu ver, um dos meus pontos fortes, mas às vezes ela funciona contra mim porque, para atingir um objetivo, talvez eu negligencie outro aspecto da minha vida. Lembre-se de que, se você desenvolveu essa característica, provavelmente foi por um bom motivo. Seu corpo e cérebro são muito inteligentes, muito mais do que você pode imaginar. Como essa característica que o desafia hoje o ajudou originalmente a obter segurança, conexão e respeito, mesmo que você não esteja fazendo um bom trabalho para alcançar essas três coisas?

Exercício das âncoras

Embora já tenhamos aprendido sobre energia, você verá exercícios sobre esse tema intercalados ao longo do livro. Considero fundamental que você encontre um estado de equilíbrio energético para enfrentar com eficiência os desafios do dia a dia.

Âncoras são experiências confiáveis às quais você pode recorrer para ajudá-lo a retornar a um estado de equilíbrio energético. Uma âncora pode ser *quem*, *o quê*, *onde* ou *quando*. Descubra se consegue encontrar suas âncoras com a seguinte experiência: quais pessoas em sua vida fazem você se sentir seguro e bem-vindo? Quais pequenas ações fazem você se sentir equilibrado e conectado? Quais objetos trazem energia para você? Onde ficam os lugares do dia a dia que você visita e que geram equilíbrio e conexão? Em quais momentos você se sente equilibrado e seguro? É bom que você faça uma lista de suas âncoras e adicione novas à medida que as descobrir.

Seu cérebro é seu corpo

Chamamos de memória explícita o momento em que você se lembra de algo e consegue colocar em palavras. Fatos, a descrição de situações vividas, tudo o que você pode dizer sobre o que aprendeu. Segundo a ciência, a partir dos dois ou três anos de idade, você começa a armazenar camadas de memória explícita no hipocampo — uma região do seu cérebro. Mas, antes disso e ao longo da vida, você também armazena camadas de memória implícita: habilidades corporais e sensoriais, e procedimentos automáticos que estabelecem todas as suas ações inconscientes, como acabamos de ver, seus biocomportamentos. Por exemplo: levar o garfo até a boca ou praticar o seu saque no tênis. Como seu cérebro evolui e aprende de acordo com seu ambiente e contexto, sua memória implícita se desenvolve através de sensações e movimentos que você sente e faz nessas situações. É uma memória que se baseia no que você sente e *sensa*. Por exemplo, andar de bicicleta.

Como você verá, padrões neuromusculares registrados em sua memória implícita são bastante persistentes ao longo do tempo. Portanto, você depende deles para fazer praticamente qualquer coisa. Ou seja, quando sua memória implícita está em jogo, não é como se "você estivesse se lembrando de algo". Na verdade, você está simplesmente fazendo aquilo de uma forma "natural". Além do mais, quando não agimos assim podemos até sentir algum desconforto, ansiedade, medo ou desprazer. Experimente o seu saque no tênis segurando o cabo da raquete de maneira diferente. Se você geralmente é mais frio e distante, abrace sua mãe e diga a ela o quanto você a ama (se é que não fez isso durante todo o seu relacionamento com ela).

Em resumo, sua memória implícita está armazenada nos padrões neuromusculares criados ao longo do seu crescimento; e eles afetam todos os tecidos do seu corpo. Alguns autores chamam esse processo de "armadura" (do inglês, *armoring*).

Exercício
Seus amados

Da próxima vez que encontrar seus entes queridos, preste atenção em como o seu corpo — e o deles — se contrai, se expande ou adquire uma determinada posição, dependendo do que você está sentindo naquele momento: sensações agradáveis, neutras ou desagradáveis em seu corpo, emoções que causam prazer ou desprazer. Esses são os seus padrões neuromusculares que foram se *armando* durante sua vida.

Biocomportamentos culturais

Além disso, esses padrões neuromusculares, formados por repetidas sensações e emoções, têm uma grande influência cultural. Sentir vergonha — e ter isso refletido no corpo — não significa a mesma coisa no Japão e na Argentina.

O fato de seus padrões neuromusculares estarem confinados a uma área específica do seu corpo traz amplas implicações. Por exemplo, imagine que você é um daqueles que quando ficam com raiva franzem a testa, ou seja, contraem os músculos da testa. Ao repetir esse gesto, chega um momento em que *toda* a estrutura física, não apenas a testa, mas de *todo o* seu corpo — instrumento com o qual você sente seu ambiente social e emocional —, muda. Outro exemplo: você é daqueles que seguram a risada. Em algum momento da vida, não só o seu rosto e todo o seu corpo, mas também seu comportamento, ficarão mais rígidos. Ou seja, as sensações, humores e movimentos necessários para conter o riso são todos interligados neuromuscularmente e colocados no piloto automático. E nesse momento, por meio de mudanças químicas e estruturais nos neurônios, músculos e tecidos interligados, seu corpo já aprendeu a conter uma risada sem sequer pensar em fazê-lo.

Assim, quando você repete muitas vezes ações e comportamentos, eles se tornam inconscientes e crônicos. Isso pode criar uma tensão que, mesmo que você tente, provavelmente não conseguirá relaxar, como meus ombros na altura das orelhas. Essa tensão crônica pode ser invisível para você e outras pessoas. Neste caso, ela é um ponto cego. Resumindo, sua *armadura* são gestos que você realiza todos os dias e que se tornam sua estrutura física. Seu corpo toma a forma das sensações e emoções que você repete e experimenta.

O processo de aprendizagem dos biocomportamentos funciona o dia todo — e todos os dias do ano. Além disso, ele acontece muito mais rápido quando você sente emoções intensas como pânico, raiva, alegria ou prazer. Emoções intensas inundam o cérebro com neurotransmissores que aceleram o aprendizado. Se algo é importante para você, então é melhor se lembrar disso. Esse é um processo que permite a seu corpo *sensar* o ambiente social e emocional para automatizar rapidamente estratégias biocomportamentais que permitam obter o que você precisa. Uma vez estabelecidos esses padrões, eles afetam não apenas o modo como você se comporta, mas como você vê o mundo. Seu corpo é sua lente de percepção e seu instrumento de ação. Tudo — mas tudo mesmo — o que você faz é filtrado por esse instrumento.

Ao realizar a pesquisa para escrever *ZensorialMente,* fiquei mais atento a alguns dos meus biocomportamentos e pontos cegos. É incrível, como já disse, a estrutura e a posição tensa dos meus ombros ao longo do dia. Também entendi e senti que, por mais que tentasse relaxá-los, já havia algo estabelecido ali que era muito difícil de abandonar. Vou continuar tentando. Se eu olhar para trás, para minha vida e as experiências que me acompanharam, posso entender por que meus ombros "são assim". Durante meu processo de *armadura*, minhas memórias implícitas foram incorporadas ao formato das minhas costas. **Para mudar esses caminhos — os meus e os do meu corpo —, preciso parar com velhos hábitos — meus pontos cegos — e afrouxar o cinto da minha armadura inconsciente.** Ao contrair meus ombros cronicamente por anos, sem perceber, eles ficaram literalmente com menos acesso ao sangue, ou seja, menos nutrientes, oxigênio, energia e capacidade de sentir sensações. Se eu conseguir relaxar esses músculos um pouco, fazer com que eles se abram, se libertem, certamente sentirei algum tremor, alguma sensação intensa, de frio ou calor, ou de formigamento. Sensação de *mais vida* entrando em meus ombros.

Seu corpo tem uma capacidade limitada, mas ainda assim uma capacidade, de mudar por meio de novas ideias. Para isso, é preciso prática e repetição. Portanto, como adulto, além de interromper padrões musculares automáticos estabelecidos ao longo do tempo, você precisa criar novos para substituí-los.

Eis um resumo de tudo o que eu queria explicar — e ajudar você na organização das novas palavras que aprendeu: **seus biocomportamentos se personificaram (instalaram-se em seu corpo) em padrões neuromusculares graças à sua memória implícita e foram *armados* (desenvolvidos) ao longo da sua vida, incluindo a influência da sociedade, cultura e contexto familiar.**

Exercício
Postura de estabilidade

Para criar sensações de força e estabilidade no corpo, pratique a postura de estabilidade.

Sente-se em uma cadeira com os pés firmemente apoiados no chão e as costas retas. Imagine que o topo da sua cabeça está sendo puxado para o céu enquanto seus ombros relaxam para trás e para baixo. Agora, observe a sensação dos pés no chão e pressione-os um pouco mais. Imagine raízes longas e fortes estendendo-se da planta dos pés até o solo, criando ainda mais estabilidade. Mantenha-se assim por alguns momentos, observando quaisquer experiências que você possa ter.

O que você vê

À medida que seu corpo toma forma em resposta ao ambiente, sua lente biológica se adapta a uma forma especial de ver e habitar o mundo. Como vimos, suas formas emocionais de responder, interpretações e relacionamentos tornam-se intrínsecos ao seu corpo. Isso dificulta algumas ações que você deseja realizar. Biologia é percepção: você não vê o mundo como ele é, mas o vê como você é. Estar *armado* de uma certa maneira ao longo dos anos afeta as opções e possibilidades do que você vê. Sua armadura torna suas respostas emocionais, formas de se relacionar e de se comportar "naturais" para você. Ou seja, todas as suas interpretações, ações, humores e percepções são afetados pela estrutura física do seu corpo.

Seus biocomportamentos o influenciam a não ver opções à sua frente. Por exemplo, confiar mais na sua intuição ou conectar-se mais com as pessoas que o amam ou com quem você está em conflito. Seu corpo afeta quase tudo o que acontece com você ao longo do dia. Seus gestos e comportamentos repetidos, incorporados ao seu corpo e à sua estrutura física, afetam seu humor. Isso afeta suas ações. E estas afetam seus relacionamentos e os resultados que você obtém em cada um dos aspectos da sua vida. Seu corpo é o seu cérebro.

Resumindo: o cérebro adquire sua forma física à medida que aprende comportamentos que permitem a você ter mais segurança e uma melhor conexão com os outros. Seu cérebro está distribuído por todo o corpo, e este também adquire mudanças sutis em sua estrutura em resposta às suas experiências de vida. Isso acontece por meio de processos como memória implícita e a *armadura*, o que permite que você coloque comportamentos bem-sucedidos no piloto automático: os biocomportamentos. Por sua vez, esses processos criam pontos cegos, biocomportamentos muito resistentes à mudança. Isso afeta o que você "vê" e muitas de suas ações. Tudo o que você percebe passa pelo filtro do seu corpo. Ou seja, seu corpo é um instrumento muito sutil que *sensa* suas sensações, as interpreta, e isso influencia seus relacionamentos e estados emocionais.

Todos os resultados que você obtém na vida são influenciados por características e qualidades de como seu corpo foi "armado". À medida que você aprofunda a compreensão do corpo e a percepção das suas sensações, por meio dos exercícios que proponho, ou seja, sentir o que sente, você terá mais vias para "perceber" seus pontos cegos e trabalhar aqueles que deseja modificar.

Centrar

A centralização não se relaciona com a postura, mas é *expressa* por ela. No final das contas, o que importa é encontrar um equilíbrio entre sua mente e corpo; sua energia e sua matéria. Esse equilíbrio interno é a construção da sua capacidade de tolerar sensações fortes sem ter de agir automaticamente para fazer com que elas desapareçam o mais rápido possível. É claro que no mundo de hoje um dos fatores mais comuns desencadeadores do desequilíbrio é o estresse, fundamentalmente um evento fisiológico. Quando você está sob ameaça ou pressão, seu corpo se enche de adrenalina, cortisol e outros hormônios; aumenta a frequência cardíaca e a respiração, e direciona sangue para os músculos a fim de se preparar para lutar ou fugir.

Outro importante fator que compromete seu estado de equilíbrio é o medo. Gosto de pensar no medo como uma força protetora. Nunca tente se livrar do medo ou ignorá-lo. Sua resposta orgânica ao medo leva o corpo a um estado de incoerência psicofisiológica. Coerência é quando seu corpo e emoções estão calmos. Isso é observado quando sua frequência cardíaca, respiração, piscar de olhos e outros sistemas rítmicos são exibidos em um estado de oscilação estável e consistente em um gráfico que mostra ordem dentro do seu corpo.

Na representação gráfica do medo, a incoerência psicofisiológica é representada com biorritmos erráticos e desordenados. Às vezes, durante estados de medo, sua resposta leva à ação que melhor se adapta à situação. Por exemplo, se o seu filho de cinco anos está perigosamente próximo da rua, você grita para ele não prosseguir. Mas, outras vezes, suas ações derivadas de reações automáticas não o ajudam. Elas podem até piorar a situação. Por exemplo, correr na direção dele pode levá-lo a correr também... para a rua. Isso acontece porque, em estados de incoerência psicofisiológica, você não consegue pensar com clareza. Quando os sistemas do corpo estão fora de sincronia e arrítmicos, grande parte da sua energia intelectual é atraída para o corpo restaurar o equilíbrio. Portanto, se você conseguir retornar a um estado de coerência psicofisiológica em situações estressantes ou assustadoras, terá mais acesso a toda a sua inteligência. Buscar o equilíbrio permite regular seu estado psicofisiológico, e isso dá a você maior acesso ao córtex pré-frontal medial, deixando-o mais flexível em suas respostas emocionais.

ZensorialMente *propõe que você adquira e carregue mais consciência em seu corpo, pensamentos, emoções, sensações, respiração, estados energéticos, sem que precise responder imediatamente.* Essa é a melhor forma de restaurar a coerência psicofisiológica do seu corpo. Esse estado fisiológico também é conhecido como resiliência. Coragem não é ausência de medo, mas o seu compromisso com algo maior e mais importante do que o seu medo. A coragem leva você a tomar decisões ousadas ou simplesmente a estar presente diante do medo. É derivada da palavra francesa *coeur*, que significa coração. O importante mesmo é que você decida e aja, mas sem oferecer a si a falsa segurança de que tudo sempre ficará bem. Invoco minha coragem quando algo maior que meu medo está em jogo.

Proponho que você pense no seu estado de calma, mas não como uma ferramenta para eliminar o nervosismo. Embora isso possa ser ótimo, muitas vezes não é possível. Você deve usar sua coragem e calma como ferramentas que lhe permitam tolerar fortes sensações quando está prestes a tomar decisões ou ações importantes. Talvez você sinta conscientemente todas essas sensações, inclusive algum desconforto físico, enquanto se alinha e busca o equilíbrio. Mova-se, mas sem se encher de ansiedade. É óbvio que isso muitas vezes fará com que não se sinta bem. No entanto, é assim que você pode fazer a diferença diante das circunstâncias e desafios da vida. Espero que este livro possa ajudá-lo. Você verá que, quanto mais aprender a sentir a si mesmo, menos frequentemente realizará ações inconscientemente e com base em reações emocionais. Sua inteligência sensorial é essencial para que você tenha êxito; e isso acontece quando aprende a sentir seu corpo para ganhar consciência do momento presente.

Exercício
Seu diário interoceptivo
(adaptado de Amanda Blake)

Um lugar para você registrar as decisões que tomou no seu dia, semana, mês, ano e como se sentiu ao tomá-las. Divida-o em três partes:

Primeira: faça uma breve descrição dos desafios que está enfrentando (em qualquer área da sua vida).
Segunda: descreva, da forma mais detalhada e precisa que puder, suas sensações internas ao contemplar as diferentes opções que vislumbra diante desse desafio. Nesta parte, quero que considere individualmente as possibilidades diante de você e observe como se sente ao imaginar escolher uma em vez de outra.
Terceira: finalmente, escreva sobre o que decidiu escolher e adicione a descrição de quaisquer outros sentimentos que surjam ao tomar essa decisão final.

Depois de realizar as consequências da decisão que tomou, você pode voltar ao seu diário e ver o que acontecia internamente com você no momento da decisão. Com o tempo, poderá elucidar um padrão específico para suas tomadas de decisão e no corpo. Por exemplo, uma tensão no estômago quando contemplou uma ação específica que o levou à frustração e talvez uma sensação de leveza no peito quando considerou uma abordagem bem-sucedida.

Exercício
Atrasar uma ação

Frequentemente, você sente necessidade de agir impulsivamente quando, na realidade, a ação pode esperar. Na próxima vez que sentir um desejo específico ou vontade de agir impulsivamente quando não for necessário, faça uma pausa e adie essa ação. Volte sua atenção para dentro e comece a perceber o que está acontecendo física e emocionalmente com você. Ao adiar essa ação, você poderá compreender os fundamentos emocionais do seu impulso e aprender a administrar melhor a si mesmo.

Que ação você está prestes a realizar e que pode adiar?

Exercício de admiração

A admiração é um estado de maravilhamento, curiosidade, reverência e profunda apreciação. Num momento de admiração, você se sente pequeno e conectado a algo muito maior, e isso transforma sua experiência de mundo. É possível sentir admiração tanto em momentos extraordinários quanto comuns, e você pode aprofundar essa sensação de bem-estar aprendendo a perceber momentos de admiração do dia a dia. Que tal experimentar esse exercício? Lembre-se de um momento tão extraordinário que o tenha paralisado. Considere suas experiências cotidianas de admiração: arte, música, natureza etc. Aprenda a reconhecer os sinais do seu corpo e mente quando estiver vivenciando um momento de admiração.

Você aprendeu que os diferentes níveis de tensão no corpo fornecem informações sobre suas sensações a cada momento, como a tensão que sinto agora no pescoço, que começa a doer após tantas horas escrevendo em uma posição ruim. Mas, como seu corpo é extenso, outra forma de registrar com mais precisão as suas diferentes sensações é perguntar-se: "Em qual parte do meu corpo sinto isso?". A seguir, você investigará onde ocorrem as sensações no seu corpo e, assim, será capaz de senti-las.

CAPÍTULO 4
LUGAR

A resposta nunca está "lá fora".
Todas as respostas estão "aqui dentro",
dentro de você, esperando para serem descobertas.
FILOSOFIA ZEN

Meu lugar

Acabamos de estudar a **tensão** que vive em seu corpo como uma das características das sensações. Lembro que, através dessas características, você poderá senti-las com mais facilidade. E *sentir mais* exige não apenas que aprenda a identificá-las, mas também a nomeá-las. Estudemos agora a característica **lugar** de uma sensação. Caso você tenha esquecido: ***sensar*** é a sua capacidade de medir uma ou mais condições, neste caso, suas sensações, o que seu corpo está dizendo a você.

Para mim, *lugar* talvez seja a característica mais fácil de sentir, pois se trata simplesmente da sua capacidade de reconhecer em qual parte do corpo a sensação está ocorrendo. No entanto, muitas vezes sensações intensas num local do corpo — tensão nos ombros — podem esconder outras mais sutis em outros locais — alterações no ritmo cardíaco — que, se *sensadas*, podem dar a você muitas outras informações. À medida que começar a treinar *sensar* seu corpo e praticar, cada vez mais, você conseguirá não apenas reconhecer, mas também relacionar questões e situações de saúde muito próprias, como incômodos, desconfortos ou situações emocionais desagradáveis. Outras sinalizarão a você que "está tudo bem".

No meu caso, sofro de enxaquecas há dezenove anos — intensa sensação de dor de cabeça. Descobri, graças ao desenvolvimento da minha inteligência sensorial nos últimos três anos, que neste lugar — cabeça —, com esta intensidade de sensação — dor —, eu estava encobrindo outras informações, outras sensações mais sutis que não conseguia registrar. Ao ser capaz de *sensar* estas últimas, também consegui relacioná-las com as causas da minha enxaqueca. Neste caso específico, o que descobri com minha prática diária de explorar e *sensar* sensações foi que certos alimentos, mudanças no clima, atividades fisicamente rigorosas e algumas alergias leves geravam múltiplas sensações sutis em diferentes locais do meu corpo. A sutileza daquelas sensações era encoberta pela força da minha dor de cabeça, e por isso eu não as registrava. Eu não conseguia perceber coisas que estavam acontecendo na minha pele e intestinos. Isso me estimulou a realizar outros estudos sobre meu corpo, além dos clássicos neurológicos de pacientes com enxaqueca.

Hoje, posso dizer com bastante certeza de que essas enxaquecas foram, e são, causadas por certos componentes de alguns alimentos, alergias e diferentes condições de estresse. Concluindo, não é importante apenas *sensar* o **lugar** do corpo onde ocorrem as sensações, mas também ter a curiosidade de associá-las. **Que o *ruído* de uma sensação intensa não encubra outras mais sutis.** Todas as partes do seu corpo sentem, mas, porque você está ciente de algumas e não de outras, isso não significa que estas últimas sejam menos importantes ou forneçam menos informações.

> Há um fato óbvio e claro
> sobre os seres humanos:
> eles têm corpos e são corpos.
> **Turner**

Exercício de lugar

Quero ajudá-lo a aprender a sentir, a sentir a si mesmo. Sentir ***mais*** requer aprender a identificar e nomear as sensações do seu corpo. Sentir-se mais fortalece as redes contidas na sua inteligência sensorial e no córtex pré-frontal medial, envolvidas na orquestração das suas respostas emocionais e estados de alerta, ambos necessários ao correto desenvolvimento dos seus comportamentos. Seu corpo fala uma linguagem sutil, muitas vezes sem que você ouça; outras vezes, ele grita para você. Essas são as suas sensações internas. À medida que você aumenta sua capacidade de ouvir essas sensações, aumenta também sua inteligência emocional e social. Quando você dá nome às sensações, fica mais fácil percebê-las.

Com os olhos fechados, examine seu corpo da cabeça aos pés, prestando mais atenção aos seguintes locais: **pés, panturrilhas, coxas, quadris, nádegas, abdômen, tórax, braços, mãos, pescoço, mandíbula, olhos, testa e o topo da cabeça**. Reserve cerca de 30-60 segundos em cada lugar. Você poderia nomear as sensações em cada um desses lugares do seu corpo? À medida que você avançar no livro, ajudarei com esses nomes, no entanto você sempre pode escolher suas próprias palavras. **Lembre-se de que** sentir mais exige aprender a identificar e nomear as sensações do corpo. A atenção focada em uma sensação traz à consciência aspectos não cognitivos de sua experiência. Quando você traz sua atenção para uma sensação, ela o direciona mais plenamente para o momento presente. E, quanto mais você aprende a se sentir, menos frequentemente age inconscientemente, reagindo apenas com sua emoção.

"Ser"

Com o avanço e a moda da neurociência, e a presença cada vez mais notável de cientistas cognitivos em todos os lugares, tendemos a compreender a mente como uma construção do cérebro. Com esse raciocínio, o cérebro é visto como o computador, com seus neurônios e outras células atuando como o hardware por meio do qual sua mente, o software, funciona. O corpo seria como uma fonte que insere insumos ou informações no sistema. É função do seu cérebro *inteligente* e de seus algoritmos descobrir o que está acontecendo e o que fazer a respeito.

Eu mesmo foquei por muito tempo apenas nesses argumentos até começar a habitar meu corpo, a sentir minhas sensações e então começar a estudar e pesquisar para escrever este livro. Foi assim que me deparei com outros cientistas, que não veem o cérebro como o computador mestre, mas como "mais um nó" em um sistema muito maior que se expande por todo o corpo, e até mesmo aos arredores. Seu corpo sabe muito mais do que você geralmente acredita. Seu cérebro não está lá apenas para dar ordens. Ele existe para decifrar e puxar os fios de suas experiências internas para que todo o sistema possa entender o que está acontecendo. Como já vimos, a ínsula parece desempenhar um papel fundamental nisso, em seu cérebro. Ela combina mensagens internas e elucida quais informações vêm de seus outros sentidos para alcançar algo como: *Como me sinto agora*. Um momento emocional global. Muito provavelmente, o que você considera como sua mente é uma ilusão que chega por acidente, como efeito colateral da quantidade de mensagens que sobrevoam pelo seu corpo e cérebro, em algo que você poderia chamar de seu "Ser".

Atualmente, a ciência entende que a mente é o resultado de um processo contínuo de previsão do que é provável que aconteça no mundo fora ou dentro do seu corpo e, em seguida, regula os vários botões para que você realize uma determinada ação. Mover-se e interagir no mundo é a melhor maneira de o seu cérebro entender o que ele pensa que está acontecendo, o que ele acredita ser verdade.

A informação inconsciente, os seus sentidos interoceptivos, que vêm do seu corpo, fornecem a base para o seu sentido de Ser (quem você é), mas também são uma espécie de mensagem subterrânea em sua consciência que define o seu humor para tudo o que acontece com você. Essas sensações interoceptivas de fundo são como a trilha sonora de um filme. Elas têm o poder de fazer você se sentir feliz, triste, esperançoso ou nervoso, por razões que não conseguimos explicar.

Fora e dentro

Existem muitos tipos de sensações além das cinco famosas e conhecidas, produtos dos seus sentidos externos: visão, audição, paladar, olfato e tato. Como mencionei antes, esses cinco estão agrupados no que é conhecido como **exterocepção** ou sentidos exteroceptivos. Também vimos no capítulo sobre energia que a neurocepção — a sensação de perigo — existe. Agora acrescento a nocicepção — o sentido da dor.

Na exterocepção, os cinco sentidos captam informações externas a você. Como o mundo ao seu redor pode mudar inesperadamente, seus nervos, que viajam dos receptores desses sentidos até o cérebro, são longos e muito rápidos. Quase instantâneos. Por exemplo, se você se sentar sobre algo que dói, assim que tocar o objeto você se levantará muito rapidamente. Essa velocidade de resposta é uma adaptação biológica eficiente para que você possa perceber e responder rapidamente às diferentes circunstâncias externas que o cercam.

Mas veja bem: a quantidade de estímulos que nos chega é tão grande que não é possível perceber todos eles. Por isso, seus sentidos exteroceptivos fazem o trabalho de filtrar aqueles que não são relevantes. Você acessa apenas uma pequena e única porção do mundo filtrada pelos seus sentidos. Você vive em um mundo construído por você mesmo.

Por outro lado, **a interocepção**, menos conhecida — e, como você já sabe, a pedra angular de *ZensorialMente* e da sua inteligência sensorial —, é o oposto da exterocepção. É a experiência interna vivenciada por suas vísceras. Os batimentos cardíacos, os pulmões em movimento, uma pressão no peito, tensão nos quadríceps etc. Você provavelmente terá de fechar os olhos para sentir seus órgãos e músculos, e mesmo assim não conseguirá. Fechar os olhos é como se desligar do barulho externo para "ouvir" o que está dentro.

Você tem dificuldade em *sensar* esses sentidos internos porque as células nervosas interoceptivas são menores e mais lentas que as exteroceptivas. Ou seja, seu cérebro usa nervos menores para processar sensações interoceptivas, filtrando-as do seu estado de consciência ou atenção, a menos que algo sério aconteça. As sensações interoceptivas também podem ser divididas, assim como ocorre com as exteroceptivas. Elas seriam como seus sentidos internos, que, a partir dos órgãos e vísceras, *sensam* o que está acontecendo em termos de tensão, lugar, estado da respiração, movimento, temperatura e energia, afetando todas as suas relações sociais e o seu humor. Estas últimas seis, como já mencionamos, são as características de uma sensação que o ajudam a *sensá-las* com mais facilidade.

Aprender a *sensar* seus sentidos internos promove o desenvolvimento de sua inteligência sensorial. Como você já sabe, para isso é preciso aprender a identificar e nomear as sensações do corpo. Você aprende a sentir mais. **Quando você consegue isso, pode fortalecer as redes neurais envolvidas em sua inteligência ou autoconhecimento sensorial — e em seu córtex pré-frontal medial, área envolvida na orquestração das respostas emocionais e estados de alerta, ambos necessários para o correto desdobramento de seus comportamentos.** Lembre-se de que suas inteligências, sensorial e conceitual, ocorrem por meio de redes neurais diferentes.

Redes da inteligência sensorial no seu cérebro

Córtex cingulado anterior (envolvido no conflito emocional ao suprimir a atividade da amígdala e suas conexões mais importantes. Isso leva a um enfraquecimento das respostas autonômicas simpáticas. Fenômeno emocional que vem de cima para baixo).

Córtex pré-frontal ventromedial (apresenta implicação na tomada de decisões emocionais devido ao possível envolvimento na aprendizagem afetiva, propensão ao risco e impulsividade).

Córtex pré-frontal orbitomedial (região do lobo frontal do cérebro relacionada ao processamento cognitivo da tomada de decisão).

Córtex cingulado anterior subgenual (centro neuronal crítico dos circuitos cerebrais envolvidos na regulação da motivação, emoção e resposta ao estresse; intimamente acoplado ao sistema límbico).

Redes da inteligência conceitual no seu cérebro

Córtex pré-frontal medial dorsal (ocupa uma posição anatômica privilegiada para orquestrar respostas autonômicas, emocionais e de alerta necessárias ao correto desenrolar do comportamento).

Coativação de todas essas redes = inteligência integral

Dessa forma, fortalecer o *sensar* das suas sensações internas é essencial para que você adquira maior consciência do momento presente. Por outro lado, estudos mostram que o aumento de inteligência sensorial promove uma melhora na autoconfiança e no potencial de desenvolvimento para a tomada de melhores decisões. A cada dia a ciência fornece mais informações sobre cada um desses sentidos internos dos seus órgãos. Aqui estão os mais importantes:

1. **Intestinos e seu sistema nervoso entérico.** Faremos o estudo deste tópico em detalhes no capítulo sobre temperatura, mas eu o apresentarei agora a você. Os intestinos funcionam de forma bastante independente do cérebro. Existem cerca de 100 milhões de neurônios ali, ou seja, mais do que os encontrados na medula espinhal e no sistema nervoso periférico descritos anteriormente. Além disso, ele é o único órgão capaz de ignorar mensagens enviadas pelo seu cérebro, por exemplo, quando se trata de digestão. Por isso, ele é conhecido como segundo cérebro. Esse sistema permite que você conheça **sentimentos** de fome ou sede que afetam seus estados emocionais, especialmente durante a infância. Além disso, quando você fica doente ao ver alguém com dor, ou ouve algo terrível, ou quando se sente calmo, isso tudo acontece graças aos neurônios do seu intestino. Ainda hoje se sabe que mais de 95% da serotonina — um neurotransmissor que modula o humor — é produzida no sistema nervoso entérico. O dr. E. Mayer, da UCLA, descreve o intestino como uma *extensão do sistema emocional.* Você sente com o intestino: isso está comprovado cientificamente.

2. **O nervo vago** se conecta diretamente ao coração, aos intestinos e aos pulmões, sem envolver a medula espinhal. Entre 80% e 90% dos neurônios que circulam por esse nervo são aferentes, ou seja, enviam sinais para o seu cérebro. Talvez você ainda pense no seu cérebro como um órgão de controle que envia ordens de cima para baixo, ou seja, dele para as demais vísceras. Mas essa é uma informação ultrapassada. Seu cérebro, localizado na cabeça, recebe muito mais informações de

baixo para cima, ou seja, dos órgãos para o cérebro. Em várias ocasiões faz muito sentido dizer que o corpo comanda o cérebro. Ou, como gosto de dizer: *seu corpo é o seu cérebro*. Já estudamos o nervo vago no capítulo sobre energia, destacando-o como parte do sistema parassimpático, regiões de calma ventral e imobilização dorsal.

Exercício
Ative seu nervo vago

O nervo vago é um nervo craniano que conecta o cérebro ao corpo. Quando ativado, exerce um efeito relaxante em ambos. Para ativar o nervo vago, você pode:

Cantar ou cantarolar.

Entoar "Om".

Respirar profundamente.

Desobstruir os ouvidos prendendo a respiração, cobrindo o nariz e expelindo o ar como se estivesse tentando expirar, criando uma sensação de pressão na cabeça e no peito.

3. **Os pulmões** também compõem seus sentidos interoceptivos. Na realidade, eles são os músculos que apoiam e sustentam a respiração, altamente inervados pelo sistema nervoso autônomo simpático e parassimpático. Como vimos, os pulmões desempenham um papel vital na sua resposta de congelamento, fuga ou luta, para que você possa equilibrar o estresse respirando lenta e profundamente. Existem muitos estudos mostrando a relação entre a forma como

você respira e seus diferentes estados emocionais. A forma como você respira habitualmente afeta seu humor e até mesmo o conteúdo e a qualidade dos seus pensamentos. Mais tarde você verá no capítulo sobre respiração um detalhamento do processo respiratório, sua relação com o nervo vago e seu impacto na inteligência sensorial.

4. **Sua pele** e neurônios se originam da mesma camada de tecido embrionário. Na verdade, três semanas após a concepção, o embrião se divide em três camadas de células. A camada mais externa, o ectoderma, se torna a medula espinhal, o cérebro e a pele. Em laboratório, por exemplo, neurônios foram obtidos de células da pele. Tive a sorte de realizar essa experiência em 2005, obtendo resultados mais que surpreendentes.

   É possível diferenciar carinhos gentis de abordagens agressivas desde que nascemos. Isso pode acontecer devido à existência de fibras nervosas muito especializadas que viajam diretamente da pele para o cérebro mais emocional. Também explica por que, quando criança, você se acalmava mais rápido com a voz suave dos pais acompanhada de carícias na pele. Numa experiência hospitalar, descobriu-se que apenas 17% das crianças se acalmavam quando as enfermeiras tentavam usar apenas palavras. Mas quando tocavam nas crianças de alguma forma, acarinhando suas costas ou segurando suas mãos, 88% delas conseguiam se acalmar no mesmo período de observação de cinco minutos. O toque estimula o nervo vago, libera oxitocina e acalma o estresse cardiovascular.

   Como o tato é o primeiro sentido a ser desenvolvido, vou partir da sua pele e do contato que você faz com outras pessoas para introduzir o conceito de presença. Estar *presente* quando nos encontramos com alguém não é uma atividade, mas um estado. Você sabe que está *presente* porque sente isso. As palavras que troca com alguém não são suficientes para que você se mantenha *presente* naquela conversa, pois elas só podem levá-lo até certo ponto nessa experiência de presença não verbal. Estar presente com o outro nos ajuda primeiro a sentir as próprias sensações. Isso funciona porque as sensações ocorrem apenas no presente. Por exemplo, você sabe que ter se gripado fez você se sentir mal, mas não pode evocar esses sentimentos ruins agora porque não está mais doente.

Sua capacidade de observar as próprias sensações sem reagir imediatamente a elas, uma das coisas que ofereço em *ZensorialMente,* é justamente o que torna sua presença possível. Agir assim quando está sozinho, calmo, sem ninguém incomodando você e com os olhos fechados, é relativamente simples, ao contrário de quando você está interagindo com outra pessoa. Se você aprofundar o autoconhecimento fortalecendo sua inteligência sensorial constantemente, ou seja, praticando a atenção plena de si mesmo e às suas sensações, será muito mais fácil se manter presente e comprometido com os outros.

Certa noite, minha filha Uma entrou no meu quarto para contar sobre uma prova difícil que ela fez na escola e para a qual, junto com suas amigas, havia se preparado muito na semana anterior. Enquanto ela contava os detalhes que acompanhavam suas tentativas de estudo, eu praticava, sentindo minhas sensações no meu corpo e observando-a de forma completa e simultânea, como se minha atenção fosse uma bolha gigante e invisível que nos rodeava. Parece relativamente simples, mas é mais fácil falar do que fazer. Daniel Siegel chama isso de "sentir-se sentido". Coloquei toda a minha atenção partindo de uma escuta profunda, e sem reagir ao momento em que tinha vontade de dizer algo ou aconselhá-la. Um lugar de calma atenta, sem reagir às minhas sensações. Um lugar zen. Essa presença, essa sintonia sensorial com o outro é uma das experiências de conexão mais verdadeiras e profundas que pude vivenciar. E isso acontece completamente sem o uso de palavras. Em parte, isso ocorre porque seu corpo e cérebro respondem silenciosamente ao estado fisiológico interno de outra pessoa. Tal estado é conhecido, como já mencionamos, como *ressonância límbica* e descreve o processo neurológico por meio do qual convergem os estados emocionais internos de duas pessoas. As ondas cerebrais e ritmos corporais são sincronizados. Quanto mais profundamente atento você estiver às suas sensações, mais acesso terá às do outro. O tato é outra forma poderosa de se manter presente, porque sua pele está intimamente ligada à emoção. Como mencionei antes, você pode facilmente perceber a diferença entre um toque agressivo e um amistoso. Isso porque, quando alguém toca você, essa comunicação segue diretamente para seu cérebro emocional.

Seu sistema nervoso possui diferentes tipos de receptores táteis. Especialmente as células aferentes táteis C, que têm uma ligação direta com o cérebro emocional. Elas nos permitem compreender as emoções através da pele com muita clareza, como quando vemos alguém gritar ou sorrir. Você não precisa que alguém lhe explique se a forma como o tocam carrega uma intenção de cuidar de você. Em uma pesquisa do dr. Dacher Keltner, em 60% das vezes as pessoas puderam identificar com precisão o tom emocional de um toque de um segundo de duração vindo de um completo estranho.

Na verdade, muitas vezes você consegue diferenciar tipos de toque com mais precisão e rapidez do que fazendo a leitura do tom emocional de expressões faciais, ou da comunicação oral de outras pessoas. Na verdade, assim como interpreta mal as palavras de alguém, você pode ser bastante preciso na compreensão das intenções das pessoas através do tato. Você veio equipado com um radar tátil neurobiológico que permite o envio e o recebimento de mensagens emocionais importantes sem o uso de palavras. Um abraço caloroso é completamente diferente de um ombro frio. Durante a sua infância, descobriu o que é "eu" e o que não é "eu". Isso foi muito importante para que você criasse seu senso de "eu mesmo". E, para isso, seu toque — seu sentido mais primitivo — foi fundamental. Ele não é apenas o primeiro a se desenvolver, mas o único do qual nunca podemos nos desconectar. Você pode cobrir os olhos, colocar protetores de ouvido ou tapar o nariz, mas não pode desligar o tato. Na verdade, se você tiver problemas com os outros sentidos, usará o tato para substituí-lo. Cubra os olhos e muito rapidamente você "verá" o que quero dizer. Da mesma forma, você pode ser "tocado" por um nascer do sol, por uma música significativa ou por alguém que dá a você muita atenção quando você realmente precisa.

Se estar *presente* se baseia em sensações, então se torna quase impossível manter esse estado quando você está cronicamente estressado ou, pior ainda, quando sofre de desatenção prolongada. Nesses momentos, você se torna insensível às sensações (lembre-se do capítulo sobre energia: apego inseguro, o papel do vago dorsal na desconexão e imobilização). Muitas vezes você não percebe que está vivendo com essa tensão. Para relaxar, primeiro você precisa estar ciente do que sente. E não há melhor maneira de fazer isso do que usando a conexão direta do tato.

Sua pele então se relaciona com o que você sente e com suas emoções. Você pode sentir o que está acontecendo consigo através de uma ferramenta simples que mede a condutividade da pele por meio do sistema nervoso que a atravessa. Imagine a seguinte experiência: um jogo cujo objetivo é maximizar seus ganhos. Você se depara com quatro maços de cartas. Ao retirar uma de cada vez e virá-las, você poderá ver o que ganhou ou perdeu em dinheiro. Por exemplo: *você ganhou três dólares, perdeu cinco dólares* etc. Você começa a virar as cartas aleatoriamente, não importa de qual dos quatro baralhos você as retira. De vez em quando, o pesquisador interrompe você e pergunta se há "algo" que o faça mudar a forma de virar as cartas, algo que o faça pensar que o procedimento não deve ser aleatório. No começo você recusa, mas, com o passar do tempo, "alguém" aí dentro de você diz que "está estranho". Alguns chamam isso de palpite, ou o que sua barriga diz a você, ou intuição. E você está certo. Dois desses quatro baralhos contêm mais perdas do que ganhos, e os outros dois, o oposto. Se o seu cérebro estiver saudável, depois de um tempo você começará a comprar cartas apenas dos baralhos favoráveis, mesmo antes de perceber conscientemente o que está acontecendo. Até um terço dos participantes continua a tirar cartas desses dois baralhos sem nunca perceber a armadilha. Isso acontece graças a sinais sutis do seu corpo. O corpo aprende sobre a armadilha mais rápido que sua consciência. A condutividade da pele grita "perigo" para você. Ou seja, seu sistema nervoso antecipa uma perda nesses dois baralhos desfavoráveis antes que perceba conscientemente que *algo* está acontecendo naquela experiência. São sinais interoceptivos sutis.

Curiosamente, essa mesma experiência muda quando realizada com pessoas que danificaram uma parte do cérebro conhecida como córtex pré-frontal ventromedial. Essa área do cérebro, localizada atrás da testa, ajuda você a dar sentido às sensações, mantendo associações de suas experiências anteriores, dados os seus diferentes estados de equilíbrio ou desequilíbrio. As pessoas que não têm acesso total a essa área jogam de forma diferente. Eles não conseguem "sentir" suas preferências, portanto não contam com os benefícios de um sistema que as oriente e lhes permita aprender rapidamente com suas experiências para projetar comportamentos futuros. Isso diminui a qualidade em seus processos de tomada de decisão. Essas decisões são então baseadas em sensações sensoriais muito sutis. Ou seja, sua capacidade de sentir suas sensações é inseparável de sua capacidade de escolher uma ação ou comportamento adequado e eficaz. Para tomar uma boa decisão, você deve ser capaz de *sentir* suas preferências.

Outra *pele* do corpo é o tecido conjuntivo e as membranas que cobrem e protegem todas as células. Essas *peles* também desempenham um papel importante na resposta ao mundo ao seu redor e fazem parte dos seus sentidos interoceptivos.

> Cada poro da pele atua como um olho interno. Nós nos tornamos sensíveis à ligação entre pele e carne, a nossa consciência se expande por toda a periferia do corpo e pode sentir se estamos com o corpo alinhado. Ao introduzir a percepção consciente do nosso corpo, fundimos inteligência cerebral com inteligência muscular.
> B. K. S. IYENGAR

5. **Seu tecido conjuntivo**, também conhecido como fáscia, é o seu maior órgão. Possui mais nervos sensoriais do que qualquer outra parte do corpo. Essa membrana protege e cobre cada víscera e músculo, e pode se apresentar como muito fluida a viscosa, densa e fibrosa. Ela permite que seus órgãos, músculos e ossos deslizem entre si e girem quando você se move. Juntamente com o seu esqueleto, o tecido conjuntivo mantém a forma do seu corpo. Também é inervado pelo sistema nervoso autônomo e responde às suas reações emocionais de fuga ou luta. Muitos dos nervos da sua fáscia se conectam diretamente à ínsula, parte do cérebro relacionada, entre outras coisas, ao seu poder de autoconhecimento. No último ano fui experimentar e sentir minha fáscia com o método Rolfing, uma terapia manual que procura recuperar o equilíbrio natural do corpo através de manipulações profundas na fáscia.

E, por fim, o coração é outro órgão importante que contribui para os sentidos interoceptivos.

6. **Seu coração** tem cerca de 40 mil neurônios. Muitos deles parecem neurônios no hipocampo, uma região do cérebro envolvida na memória de longo prazo. Além de bombear o sangue, o coração produz oxitocina, hormônio relacionado à atividade sexual, ao carinho, à amamentação e a tudo o que se relaciona ao incentivo à aproximação com outras pessoas. Por outro lado, embora alguns neurônios da amígdala estejam envolvidos na detecção do perigo, eles disparam seus sinais de seis a oito milissegundos após cada batimento cardíaco. Ou seja, quando falamos em medo, é o coração que avisa o cérebro. Os neurônios do coração *sensam* a química circulante, a frequência cardíaca, e enviam nove vezes mais mensagens ao cérebro do que o contrário. Além disso, seu coração se comunica com todo o corpo como um líder rítmico. Respiração, ondas cerebrais e até mesmo o piscar dos olhos são afetados pelos batimentos cardíacos e seu ritmo. Em algum momento de perigo, e no subsequente bombeamento maciço de sangue, ele envia sinais eletromecânicos ao cérebro em nanossegundos para coordenar uma resposta física completa. Ao bater com mais calma, ele também envia sinais ao cérebro.

Quando falamos do coração, falamos de amor. Este último significa muito mais que uma resposta hormonal reflexiva. Pense em alguém que ama e isso é suficiente para convidar seu coração a produzir oxitocina. Você tende a fazer do seu coração seu assento emocional, da mesma forma quando você se declara para alguém *de todo o coração* ou diz que *seu coração se partiu* quando essa pessoa o abandona. Mas, embora seja um órgão maravilhoso e digno da sua gratidão, ele não interfere muito no seu estado emocional ou bem-estar.

O coração não tem tempo para distrações; sua principal função é bater. Ele faz isso um pouco mais de uma vez por segundo, cerca de 100 mil vezes por dia, até 3,5 bilhões de vezes em sua vida. Ele pulsa ritmicamente para bombear o sangue pelo corpo. Os impulsos que ele dá ao seu sangue não são gentis. São choques poderosos capazes de enviar jatos a uma altura de até três metros. Verdadeiramente, com um ritmo de trabalho tão incrível, é um milagre que a maioria dos corações dure tanto tempo. O coração precisa bombear com força suficiente não apenas para enviar sangue para as extremidades do corpo, mas também para trazê-lo de volta. No entanto, apesar de tudo o que faz, ele é um órgão surpreendentemente modesto. Pesa menos de quinhentos gramas e está dividido em quatro câmaras simples; possui dois átrios e dois ventrículos. O sangue entra pelos átrios e sai pelos ventrículos. Na realidade, o coração não é uma, mas duas bombas. Uma que direciona sangue para os pulmões, e outra que o envia para o resto do corpo. As duas saídas devem estar equilibradas para que tudo funcione corretamente.

De todo o sangue bombeado pelo coração, o cérebro recebe 15% e os rins são os órgãos que mais recebem: 20%. Curiosamente, o sangue que passa pelas quatro câmaras do coração não fornece oxigênio, mas é alimentado pelas artérias coronárias. As duas fases do batimento cardíaco são conhecidas como sístole (quando o coração se contrai e empurra o sangue para o resto do corpo) e diástole (quando ele relaxa e se recarrega). A diferença entre esses dois movimentos é a pressão arterial. Os dois números na leitura da pressão arterial, por exemplo, 120/80, medem as pressões mais altas e as mais baixas que os vasos sanguíneos experimentam. O primeiro número, mais alto, é a pressão sistólica; o segundo é a diastólica.

Seu coração poderá falhar de muitas maneiras: um "pulo" de batimento, ou então um batimento extra devido à falha num impulso elétrico. Algumas pessoas podem ter até 10 mil dessas palpitações por dia, sem que percebam. Para outras, um coração arrítmico pode ser muito desconfortável. A frequência cardíaca muito lenta é chamada de bradicardia, a rápida de taquicardia. Um ataque cardíaco e uma parada cardíaca são coisas muito diferentes. Ataque cardíaco, ou infarto, ocorre quando o sangue oxigenado necessário à vida não consegue atingir o músculo cardíaco devido a um bloqueio em uma artéria coronária. Muitas vezes são repentinos e, por isso, chamados de "ataques", enquanto outras formas de insuficiência cardíaca são mais graduais. O músculo cardíaco localizado sob um bloqueio de sangue numa artéria coronária, quando privado de oxigênio, começa a morrer geralmente em até sessenta minutos. O pedaço de músculo que morre dessa forma não pode ser recuperado.

Por outro lado, a parada cardíaca ocorre quando o coração para de bombear completamente, geralmente devido a uma falha na sinalização elétrica. Quando o bombeamento cessa, seu cérebro fica privado de oxigênio e você rapidamente perde a consciência. Você morrerá em breve, a menos que o tratamento correto seja aplicado rapidamente. Portanto, um ataque cardíaco muitas vezes leva a uma parada cardíaca, mas você pode sofrer uma parada sem passar por um ataque cardíaco.

Mais da metade de todos os primeiros ataques cardíacos, fatais ou não, ocorre com pessoas em boa forma, saudáveis e sem riscos óbvios. Elas não fumam, não bebem excessivamente, não estão acima do peso e não têm pressão arterial cronicamente alta ou mesmo exames ruins de colesterol. Apesar disso, elas sofrem um ataque cardíaco de qualquer maneira. Ou seja, levar uma vida saudável não é garantia de escapar de problemas cardíacos; tal conduta simplesmente melhora suas chances. Curiosamente, algumas pessoas prestes a passar por insuficiência cardíaca catastrófica têm uma premonição súbita e assustadora de morte iminente. Isso é conhecido como "angústia da alma".

Exercício
Conecte-se com outras pessoas

Conectar-se com outras pessoas é essencial para o seu bem-estar. O grau e a forma de conexão que você estabelece com elas são muito pessoais. Ao tomar decisões intencionais sobre o que faz, com qual frequência e com quem (e encontra a combinação de com quem se conectar), você conta com um recurso que o ajuda a se equilibrar e a se sentir melhor. Que tal tentar?

Nomeie as pessoas em sua vida com as quais você se sente conectado.
Identifique aquelas com quem você gostaria de se conectar e explorar uma conexão.
Escreva uma lista de coisas que você faz com pessoas que o deixam feliz.
Pense em atividades que você gostaria de explorar com outras pessoas.

Exercício
Mude a imagem

Reflita sobre uma situação do passado que o levou a um estado de sobrevivência, luta ou fuga. Preste atenção às sensações do corpo evocadas por essa memória. Invoque uma imagem para ilustrar a experiência. Veja quais cores aparecem. Agora, tente fazer uma pequena mudança na imagem que livre você da sensação de estar preso nessa energia caótica e desorganizada. Por exemplo, experimente diferentes tons de cores, altere ou adicione um novo elemento à sua imagem. Seu objetivo não é apagar a luz, mas interagir com ela e avançar em direção a um estado mais equilibrado.

Desconforto

Como você vê, a interocepção é tão vital quanto a exterocepção, porém, na maioria das vezes, você não tem consciência disso. Passamos anos — uma vida inteira? — ensinando sobre "os cinco sentidos", sobre lógica e razão, mas quase nunca sobre sua capacidade de usar a inteligência sensorial. Mas tenha cuidado: tanto a sua inteligência racional quanto a sua interocepção podem falhar. Por exemplo, seu coração pode "sair pela boca" quando não há perigo real, ou, ainda, poderá criar um "nó" na garganta quando nada grave estiver acontecendo. Há décadas mantenho os ombros muito erguidos, mesmo fora de situações de estresse ou ansiedade. Esses "ombros tensos e muito altos" criaram em mim uma interrupção na comunicação entre meu tecido conjuntivo — a fáscia — e meu cérebro, gerando assim um estado de ansiedade quase permanente.

Se precisamos dispor de tempo e dedicação para adquirir habilidades cognitivas, o mesmo vale para ouvir e *sensar* o corpo. Muitas vezes você ignora sensações, impulsos, sinais em seu estômago, por exemplo. Você trata seu corpo como um veículo que o leva de um lugar a outro, e raramente o considera "algo" que vale a pena ser ouvido, *sensado* e observado. Muito provavelmente, se você começar a sentir sensações interoceptivas muito desconfortáveis e intensas terá que agir de alguma forma. Em geral, nossa primeira ação é fazer (ou dizer algo) para que esse sentimento desapareça o mais rápido possível. Você não aguenta o desconforto. É uma espécie de compulsão irresistível que, mais tarde, poderá fazer você se arrepender de sua decisão ou ação. Geralmente ela acontece em contextos específicos, e a forma como você os avalia nesse contexto poderá levar você a reagir. Essas são suas reações emocionais. Ao repetir essas reações ao longo do tempo, elas se tornam — como vimos anteriormente — seus biocomportamentos, com seus padrões neuromusculares típicos. Você sempre repete os mesmos comportamentos. E, como são automáticos e invisíveis, normalmente você não percebe o que está acontecendo. São seus pontos cegos. Vejamos um exemplo.

Numa manhã ensolarada, após uma tempestade noturna, você sai para correr no seu bairro, sabendo que voltará para casa mais tarde. Em uma das poças que se formaram na rua durante a noite, um carro passa em alta velocidade e encharca você de cima a baixo enquanto corre pela calçada. Você sente a água fria e suja na pele e a umidade que passa pelas roupas (sensações). Você pensa (avaliação) que logo vai voltar para casa para tomar um banho quente, se secar em paz e trocar de roupa. Essa avaliação, quase sempre inconsciente, faz com que você continue correndo (biocomportamento) e até de bom humor, rindo do que aconteceu (emoção).

Agora, veja essa mesma situação, mas em outro cenário. Você sai apressado para uma reunião com um cliente. Quando o carro te encharca, você sente as mesmas sensações de água fria e umidade nas roupas do cenário anterior. Mas desta vez você pensa que a reunião será um fracasso devido à sua aparência (avaliação). Você fica bravo (emoção) com o motorista do carro que passou na poça, e o insulta em voz alta (biocomportamento) enquanto ele se vai. Você chega à reunião exaltado, aos gritos e xingamentos. E, mesmo que peça desculpas ao cliente pela sua aparência, você fala rápido demais e o interrompe o tempo todo (biocomportamento = ponto cego). Ainda que as sensações corporais sejam as mesmas nos dois cenários, a mudança de avaliação sobre o que aconteceu (de acordo com o contexto) transforma sua emoção e seu comportamento. Se quando está com raiva você grita e xinga os outros (fazendo-o se apressar e interromper os outros, o que piora o seu desempenho), esse biocomportamento, então, passa a ser seu ponto cego. Fazer algo (1) sem estar consciente e (2) motivado por uma emoção (3) derivada da avaliação de sensações (4) piora o meu desempenho.

A boa notícia: esta não é uma sentença de prisão perpétua. É bem possível que, ao ficar mais atento às suas sensações interoceptivas,

você perceba que tem muito mais opções de como responder às situações da sua vida. A má notícia é que, pela minha experiência, a maioria das pessoas não sabe como sentir o que sente. Mantenho meu convite para que você traga essas sensações à sua consciência. Pior ainda, as pessoas não sabem sentir e, ainda por cima, sob o ponto de vista evolutivo, *a biologia (através da mielinização dos seus nervos) fortaleceu a velocidade da atenção aos seus sentidos exteroceptivos em vez dos interoceptivos. E isso tudo somado ao fato de que cultura e educação promovem muito mais o pensar do que o sentir. Ou seja, é normal que você não saiba sentir seu corpo, sentir-se.*

Íntegro e adequado

Nesta seção, vou ensinar a você um dos pilares fundamentais para o desenvolvimento da sua **inteligência sensorial**. Preste atenção!

Você pode distinguir, ou provavelmente ainda não, três níveis de interocepção, dependendo do seu grau de inteligência sensorial. Meu objetivo é que você alcance o nível 3 com leitura, prática contínua dos exercícios e qualquer técnica ou método que lhe permita aprender a sentir seu corpo. Diferentes áreas do seu cérebro intervêm nesses três níveis.

Nível interoceptivo 1 ou reptiliano. Quase sempre acontece fora do alcance da sua consciência. Por exemplo, a homeostase da respiração, da frequência cardíaca, da temperatura corporal, da sede, da fome etc. Nesse caso, seu hipotálamo e sistema nervoso autônomo simpático e parassimpático estão envolvidos.

Nível interoceptivo 2 ou límbico. Suas emoções direcionam seus comportamentos sem que você os perceba, sempre buscando aumentar seu *prazer* ou diminuir a *dor*. Conhecido como o princípio organizador do cérebro e como o sistema límbico toma decisões. Sua tendência de comportamento é se aproximar de estímulos, situações ou pessoas que provocam prazer, oportunidade, desafio, curiosidade ou se distanciar de estímulos, situações, acontecimentos, circunstâncias ou pessoas, porque geram ameaça, dor ou desinteresse; mesmo que você não perceba que está agindo assim.

Você percebe que, durante uma reunião com seu chefe preferido, tende a prestar mais atenção, concordar com suas ideias, colaborar em seus projetos e até trabalhar após o fim do expediente? Aqui, seu nível 2 de interoceptividade sente "prazer" naquele encontro e influencia positivamente suas decisões, tempo, recursos, atenção etc. Por outro lado, numa reunião com um chefe de que não gosta, você tende a prestar menos atenção, a contradizer suas ideias — falando ou calando-se —, evitando colaborar com seus projetos — ativa ou passivamente —, e até mesmo não ouvindo o que ele tem a dizer. Aqui, sua interoceptividade de nível 2 sente "dor ou ameaça" e influencia negativamente suas decisões, tempo, recursos, atenção etc. O ponto é que talvez, nos dois cenários, você esteja perdendo oportunidades de aprendizado, melhoria e evolução apenas por que está sendo conduzido por sua emoção. E sem perceber. Nesse nível 2, a ínsula posterior, o tálamo (do sistema límbico), as áreas motoras, o cingulado anterior e o córtex orbitofrontal estão intervindo.

Nível interoceptivo 3, também conhecido como inteligência sensorial. Acontece quando você se torna consciente de onde e como suas sensações são sentidas no corpo, e de uma ou algumas das emoções e humores que essas sensações provocam em você. Isso significa plena consciência de suas sensações, emoções e, portanto, de seus comportamentos subsequentes. Uma integração neuronal de diferentes áreas mais primitivas com outras mais modernas acontece em seu cérebro. Quando todas essas áreas são coativadas, os padrões começam a se estabelecer.

Por exemplo, sinto as minhas sensações, consigo reconhecer algumas emoções provocadas e ajo tomando decisões conscientemente com base no que sinto. Sua ínsula anterior diz *que sou eu quem está sentindo isso*, e o córtex pré-frontal dorsolateral permite que você armazene essas sensações por tempo suficiente na memória para que possa senti-las. O nível 3 reserva maior inteligência sensorial e maior autoconhecimento. Você passou de nível no jogo de *tomada de melhores decisões*. Isso permite que você se conecte melhor e esteja mais consciente do momento presente. Por estar mais consciente de seus estados internos informados pelos sentidos interoceptivos, você também recebe simultaneamente sensações e dados de um terceiro grupo de sentidos: os proprioceptivos.

A **propriocepção** é uma terceira experiência de sensações (1, exterocepção; 2, interocepção). Ela compreende seu senso de equilíbrio e como seu corpo se move no espaço. É a capacidade de sentir sua posição no espaço, onde seu corpo começa e termina, a estabilidade da sua postura ou posição e sua relação com a gravidade. Sem propriocepção, você não seria capaz de fazer uma curva com a bicicleta ou beber água sem que ela derramasse da boca. Esse sentido depende do sistema vestibular do ouvido interno, que orienta seu senso de equilíbrio. Também do seu toque, que diz a você *o que* é você e *o que* não é. Também envolve os nervos no tecido conjuntivo — a fáscia —, já estudados anteriormente, que sentem a contração e o relaxamento dos músculos. A propriocepção também afeta suas relações sociais, humores e emoções. Resumindo, graças a esse terceiro sentido, você pode se movimentar sem bater nas coisas, ajustar seu equilíbrio sem pensar ou pegar uma bola no ar, por puro reflexo, para que ela não atinja seu rosto. Ela diz a você, sem que precise pensar nisso, onde você está, como é seu movimento, onde seu corpo começa e onde termina.

A importância da propriocepção não é apenas permitir a construção da imagem; ela vai além da constatação de que "este braço é o **meu** braço". Quando você pratica atividades físicas, seu senso de cada movimento é moldado pelas qualidades desse movimento. Quando você se move com elegância, seu cérebro percebe o alongamento de membros e a fluidez de seus passos e comunica: *estou fazendo certo*. Quando você se move com força e poder, seu cérebro codifica as contrações explosivas dos músculos, *sensa* a velocidade de suas ações e entende que: *eu sou poderoso*. Quando você se move com elasticidade, seu cérebro *sensa* a resistência dos músculos e a força dos tendões e conclui: *eu sou forte*. Todas essas sensações oferecem muitos dados convincentes sobre quem você é e do que é capaz.

Quando passar do nível inconsciente 2 para o nível consciente 3 de sua interocepção, você reagirá com muito menos frequência às suas emoções. Saiba que nem sempre isso é ruim. Reagir sempre da mesma forma a determinadas situações — e que isso o conduza a comportamentos e ações que o tornam eficiente — é um ótimo biocomportamento. Mas, quando essas reações o levam a comportamentos e ações que impactam negativamente você e as pessoas ao seu redor (pontos cegos), é bom que você possa mudá-las.

Em resumo, o papel das suas emoções na tomada de decisões pode ser inconsciente (interocepção de nível 2) ou consciente (interocepção de nível 3). Além disso, estudos mostram que a danificação dos centros neurais envolvidos com sua inteligência sensorial ocasionará problemas em sua tomada de decisão, levando a uma redução da inteligência emocional em geral.

Exercício
Sentidos proprioceptivos

Quero ajudá-lo a aprender a sentir, a sentir a si mesmo. Sentir mais exige aprender a identificar e nomear as sensações do corpo. Sentir-se mais fortalece as redes envolvidas em sua inteligência sensorial e no córtex pré-frontal medial, onde se encontram suas melhores qualidades.

Você vai ficar descalço, o mais ereto e calmo possível, com os olhos voltados para a frente. Pare por alguns segundos e pergunte-se: como está sua postura em geral? Pendendo mais **para a frente, para trás** ou **centralizada**? Você se sente mais **para cima**, **para baixo** ou em um **eixo**? Você se sente **mais largo** ou **mais estreito** em relação ao espaço?

Como é o nível de conexão entre sua postura e estrutura? Observe a seguinte escala e posicione-se:

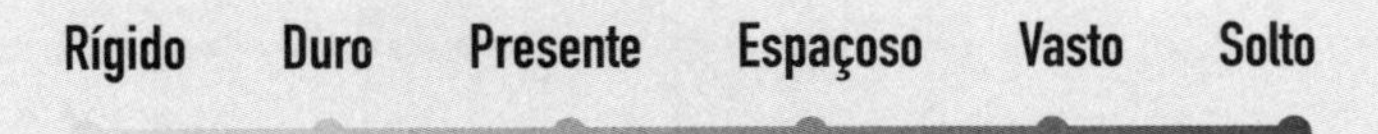

Quais outros atributos podem descrever seu nível de conexão com a postura? Faça sua própria escala.

O quanto sua postura e estrutura parecem limitadas? Observe a escala a seguir e posicione-se.

Supersensível **Sensível** **Empático** **Distante** **Insensível**

Agora, vamos aos seus gestos. *Sense-os* em suas mãos, braços, tronco e rosto...

Seus gestos em relação à firmeza. Observe a escala a seguir e posicione-se.

Firme **Estável** **Consistente** **Leve** **Suave**

Seus gestos em relação à velocidade. Observe a escala a seguir e posicione-se.

Rápido **Apressado** **Gradual** **Pausado** **Lento**

Seus gestos em relação à tensão. Observe a escala a seguir e posicione-se.

Tenso **Rígido** **Distendido** **Solto** **Relaxado**

Faça sua própria escala.

Conhecer-me

Conhecendo agora seus três tipos de sentidos, quero que você se pergunte:

O que é "me conhecer"? Como isso é útil para mim? Autoconhecimento é tão importante?

Como vimos no início, e de acordo com o dr. Alan Fogel, é possível então distinguir um autoconhecimento ou inteligência conceitual de outro processo muito diferente chamado autoconhecimento ou inteligência sensorial. O primeiro é baseado no que você sabe e se lembra — porque o construiu ao longo do tempo — sobre sua história pessoal, com base nas partes do corpo e cérebro que lidam com a linguagem, incluindo os músculos do rosto. O segundo seria a informação sobre você, derivada de seus sentidos de exterocepção, interocepção e propriocepção que descrevemos anteriormente, além de sua inteligência emocional. Trata-se de um processo **sensorial** que envolve todo o seu corpo, incluindo o sistema neuromuscular, as sensações viscerais mais profundas e as áreas do cérebro relacionadas às emoções.

Sua inteligência conceitual, aquilo que você pensa sobre si mesmo, segundo Fogel, é baseada na linguagem, nos símbolos, no racional, no lógico, no explicável e transcende o presente. Essa inteligência é vivenciada por meio de fatos, detalhes, informações, narrativas, interpretações do passado e futuro e suas perspectivas de vida. Os centros de linguagem do cérebro, os nervos cranianos e os músculos faciais estão envolvidos com ela. Por outro lado, sua inteligência sensorial é **a experiência pela experiência em si**, que se baseia em sentir, *sensar*, agir espontaneamente, ser criativo, aberto, concreto e conectado ao presente. E, como já está aprendendo e praticando, você poderá *sensar* tudo isso através de diferentes características das sensações: seu nível de energia, tensão, lugar, estado da respiração, movimento e temperatura. Tudo isso permite que você entenda com mais clareza quais são suas emoções atuais, momento a momento.

Sua inteligência sensorial envolve todo o sistema somatossensorial do cérebro, o córtex motor, a ínsula e o já mencionado córtex pré-frontal ventromedial. Resumindo, enquanto sua inteligência conceitual pode levar você a qualquer tempo e lugar, sua inteligência sensorial o leva, ou melhor, o traz, até este momento, o presente. Sensações são experiências que podem ser sentidas apenas no presente.

Sua inteligência sensorial hoje poderia ser:

SUA INTELIGÊNCIA SENSORIAL =

INTELIGÊNCIA EMOCIONAL

+ EXTEROCEPÇÃO

+ PROPRIOCEPÇÃO

+ INTEROCEPÇÃO

Sua inteligência sensorial, depois de ler *ZensorialMente* e praticar, praticar e praticar *sensar* suas sensações, deverá ser:

SUA INTELIGÊNCIA SENSORIAL =

INTELIGÊNCIA EMOCIONAL

+ EXTEROCEPÇÃO

+ PROPRIOCEPÇÃO

+ INTEROCEPÇÃO

Então...

INTELIGÊNCIA SENSORIAL + INTELIGÊNCIA CONCEITUAL =

INTELIGÊNCIA INTEGRAL

Em resumo, sua inteligência sensorial se desenvolve quando você está consciente dos seus estados internos (nível de interocepção 3), simultaneamente com as informações da sua propriocepção (consciência do movimento e estado do corpo no espaço).

Seu autoconhecimento conceitual e sensorial ocorre através de diferentes sentidos e áreas do cérebro. Este último é essencial para a consciência do momento presente. A interocepção é fundamental para sua saúde e bem-estar, pois permite maior homeostase em todos os sistemas do corpo. A má percepção, detecção e compreensão de sua interocepção poderá fazê-lo machucar a si mesmo ou a outras pessoas sem que perceba ou tenha intenção. O viés evolutivo faz com que seu corpo favoreça o foco no exterior, somado ao nosso viés cultural, que beneficia o intelecto. Tudo isso contribui para que você não saiba "sentir" a si mesmo, situação que você está revertendo ao entender como funciona seu corpo/cérebro e com os exercícios deste livro.

Exercício
Autoconhecimento sensorial

Reserve um momento para avaliar como você dedica sua atenção durante o dia:

- Como você percebe seu corpo durante a escola, o trabalho, as tarefas domésticas ou o cuidado com os filhos?
- Você está ciente do estresse ou tensão nas mãos, braços, costas, barriga, pescoço, pernas ou em qualquer outro lugar enquanto trabalha?
- Você está ciente de alguma restrição em sua respiração?
- Você segura o volante com mais força do que o necessário, estica o pescoço para a frente ao tentar ler uma tela, tem pernas inquietas ou fica tenso quando outras pessoas estão por perto?
- Você faz algo para mudar seu movimento ou postura a fim de aliviar o estresse no corpo ou apenas continua trabalhando?
- Você desenvolveu alguma dor neuromuscular, fadiga crônica, dores no peito, cabeça ou estômago como resultado de não prestar atenção ao estresse em seu corpo?
- Quando se sente cansado ou dolorido, você tem noção do que aconteceu com o corpo para chegar a esse estado?
- Além de dormir à noite, você descansa durante o dia?
- Você já parou de pensar e apenas sentiu a si mesmo?
- Você pratica algum tipo de atividade de lazer que exija autoconsciência, como ioga, massagem e outros trabalhos corporais, meditação, dança, artes e ofícios, música ou esportes?

- Você pratica essas atividades com a intenção de se conhecer melhor e/ou relaxar ou está preso a outros objetivos?
- Você se permite sentir o aroma das flores, se entrega a brincadeiras sem limites com uma criança ou animal de estimação, se entrega à meditação, caminha na natureza com todos os sentidos alertas, frequenta uma sauna ou vai a um spa quando tem tempo ou quer relaxar?
- Você pede ajuda quando precisa?
- Você consegue falar facilmente sobre suas emoções ou as afasta?

Existem várias maneiras de contar sua pontuação de autoconhecimento nesta avaliação.

Uma delas é se perguntar se você faz essas coisas ou não: "Sim, confesso que seguro o volante com muita força" pode ser uma resposta. Isso mostra que, embora não consiga relaxar seu corpo enquanto dirige, pelo menos você está ciente de que não consegue relaxar. Dê a si mesmo 6 pontos por estar ciente disso. Mas, agora que está ciente desse fato ao dirigir, e aprendeu a relaxar mãos e braços no volante, merece 10 pontos.

Ou você pode dizer: "Agora que você mencionou, percebi que não tinha consciência de como seguro o volante; tenho de verificar isso na próxima vez que eu dirigir". Esse também é um passo positivo para expandir a autoconsciência sensorial: perceber que anteriormente você não estava consciente. Ganhe 3 pontos por isso. Você leva um zero apenas se não souber a resposta e não se importar em descobrir. Você simplesmente não quer descobrir. Tudo bem. Mas você já plantou uma semente ao ler este livro.

Intuição

A intuição é uma experiência familiar e um processo de todo o corpo que tem o poder de transformar e redirecionar a vida das pessoas — e até mesmo a História da humanidade. Ainda é pouco compreendida pela ciência e certamente misteriosa. Sabemos que ela se relaciona diretamente com sua capacidade de sentir e perceber as sensações do corpo. Além disso, ela ocorre sem o envolvimento de qualquer processo de raciocínio. Sua intuição surge quando suas informações sensoriais e emocionais acontecem mais rápido que a consciência. É uma decisão, uma ação, um comportamento que *você já conhece*, uma habilidade inconsciente.

Por exemplo, para você realizar uma ação consciente (pegar um copo na mesa), seu cérebro "fala" com seu corpo (ombro, braço, antebraço, mão) para executar a ação e você leva cerca de 500 milissegundos (meio segundo) para levantá-lo. Porém, o movimento começou a ocorrer mais cedo, aos 355 milissegundos. Antes mesmo do início do movimento, aos 285 milissegundos, seu pensamento (consciência) já decidiu qual movimento vai realizar. Mas, antes que você pense, em 250 milissegundos seu cérebro já tem o "plano de ação" preparado para levantar o copo. Ele já sabia como fazer. Isso porque são necessários apenas 70 milissegundos para adquirir "memória corporal", ou seja, o que já sabemos fazer.

Além disso, ao utilizar sua intuição, associada à sua capacidade de perceber sensações (percepção) para tomar decisões, seu tempo de resposta emocional é sempre muito mais rápido do que quando tem consciência de algo. Por exemplo, sabe-se que em menos de 100 milissegundos você pode começar a criar alguma consciência do que está acontecendo ou do que vai fazer. Mas, antes de você ter plena consciência, em 350 milissegundos a informação sensorial que chegou em 200 a 250 milissegundos já existe em seu cérebro.

Em diversas pesquisas se observa que você constrói sua intuição à medida que desenvolve sua inteligência sensorial, e isso, como vimos, se dá através do aprimoramento de sua interocepção, propriocepção e exterocepção e do conhecimento de suas emoções.

Tenho certeza de que, assim como eu, você já tomou muitas decisões intuitivas em sua vida, para melhor ou para pior. Sua intuição tem grande importância nos rumos, desafios e oportunidades que surgem em sua vida. Muitas vezes ela é sua fonte de informação mais confiável. Tanto o intelecto como sua intuição são poderosos. Em última análise, sua intuição é um processo que envolve todo o corpo, e pesquisas recentes sugerem que uma melhora no seu processo de *sensar* e de percepção sensorial, especialmente na interocepção, incrementa sua intuição. Quanto maior for a sua inteligência sensorial, maior será sua intuição.

Viajamos por todas as características das sensações de **energia**, **tensão** e **lugar**, e espero que você tenha se exercitado ao longo do caminho. Aprendemos muito sobre seus três tipos de sentidos, porém mais fundamentalmente o menos conhecido por você, o interoceptivo. Você já sabe que, ao fortalecer esses sentidos, desenvolve ainda mais sua inteligência sensorial, o que não ocasiona apenas um impacto real no seu bem-estar e na tomada de decisões, mas o relaciona à sua capacidade intuitiva.

A seguir estudaremos como sua **respiração** e os órgãos, tecidos e nervos envolvidos nesse processo têm um enorme impacto na sua interocepção. O estado da sua respiração será a quarta característica de uma sensação.

Exercício

Conheça a melhor versão de si mesmo

(adaptado de Amanda Blake)

1. Investigue e anote: como, em que momento e qual seria o meu estado fora do lugar, sobrecarregado, oprimido, desconfortável? Procure lugares em sua vida onde você já experimentou esse estado ou algo semelhante.

   Quando você está passando por esse estado, que modo de ser ou capacidade você gostaria de seguir, adquirir, converter-se?

   Se não tivesse mais que experimentar esse estado deslocado, o que você gostaria de experimentar?

2. Investigue e anote: como, em que momento e qual seria meu melhor estado, minha melhor versão? Quais são as sensações corporais, posturas e gestos que a acompanham? Como está o meu humor nesse momento? Geralmente, como interpreto o mundo ao meu redor quando estou nesse estado de espírito? Quais são minhas principais suposições ao operar nesse estado?

Exemplo:

- **O seu estado está deslocado, sobrecarregado, oprimido, desconfortável:** estado de ansiedade diante de uma apresentação no trabalho. Sensação, postura, gestos: minha barriga está embrulhada, aperto os dentes, estou um pouco curvado e meus ombros estão muito tensos.

- **Humor, emoções:** medo, ansiedade, medo de ser julgado.
- **Pensamentos e suposições:** não quero, não posso fazer isso, não sou bom o suficiente.
- **Minha melhor versão:** descer com minha prancha de *snowboard* com muita segurança.
- **Sensação, postura, gestos:** postura sólida, ombros relaxados, respiração profunda, em pé, olhando para a frente.
- **Humor, emoções:** focado, relaxado, ansioso, ligeiramente animado.
- **Pensamentos e suposições:** se eu cair, posso me levantar facilmente. Isto é divertido!

Exercício

Encontre o seu centro

Este exercício o ajuda a desenvolver a propriocepção, a noção da posição do corpo no espaço, permitindo que você se sinta mais centrado e conectado ao seu corpo.

Fique em pé com os pés afastados na largura do quadril, olhe para a frente e ligeiramente para baixo. Em seguida, incline-se ligeiramente para a frente e para trás para perder o equilíbrio. Continue balançando por cerca de 10 segundos e então encontre seu centro, onde você se sente mais equilibrado e estável.

Em pé como antes, incline-se ligeiramente para os lados para se equilibrar. Continue balançando por cerca de 10 segundos e depois encontre o centro novamente.

CAPÍTULO 5
RESPIRAÇÃO

Lembre-se de que, às vezes,
não conseguir o que se deseja
é um maravilhoso golpe de sorte.
FILOSOFIA ZEN

Minha respiração

Todas as praias do mundo contêm entre dois mil e quinhentos e dez mil trilhões de grãos de areia. Por sua vez, a respiração de ar que você acabou de inalar contém cerca de vinte e cinco mil trilhões de moléculas.
FRASER CAIN

Espero que já esteja claro: quando nos referimos a uma sensação no seu corpo, primeiro você precisa entender o impacto e a influência do seu estado **energético** no exato momento em que você a sente, para depois identificar em qual lugar do corpo essa sensação está acontecendo — e tenha em mente que uma de suas características é o grau de **tensão**. Neste capítulo, você verá que o estado da sua respiração também afeta o corpo e suas sensações; como você se sente e como seu corpo se sente — incluindo suas emoções e pensamentos.

Havia semanas em que eu me treinava para respirar lenta e profundamente pelo nariz. Meu objetivo era atingir seis respirações por minuto sustentadas ao longo do tempo. Ou seja, conseguir seis inspirações e expirações em um minuto. Primeiro, conscientemente, prestando atenção e controlando a entrada e a saída do ar, sempre pelo nariz, para que com o tempo se tornasse um padrão inconsciente. Fiz isso em todos os lugares, quando pude e me lembrava, mas principalmente durante a minha caminhada matinal de 40 a 60 minutos. No começo me senti estranho e como se não tivesse ar suficiente. Meu corpo estava pedindo que mais ar entrasse, e para mim isso significava respirar pela boca.

Meu objetivo era conseguir cruzar o monte Tronador com aquele padrão respiratório estabelecido no momento da subida de Pampa Linda até a Laguna Ilón. Uma caminhada de dificuldade média, com seiscentos metros de desnível e duração de cerca de quatro horas, num total de quase oito quilômetros. Em março de 2023, junto com meu amigo Patricio Nelson, a equipe Patagonia On Foot e 22 alunos da Universidade Torcuato Di Tella, iniciamos a jornada. Pampa Linda é o vale principal ao pé do monte Tronador e oferece vistas deslumbrantes da montanha. Nele você encontrará muitas oportunidades para fazer caminhadas de diferentes níveis de dificuldade. Para chegar lá são cerca de 85 quilômetros da cidade de Bariloche. Primeiro pela Rota Nacional 40, que vai até El Bolsón, depois um desvio à direita e então passamos por Villa Mascardi. A partir desse ponto, a estrada é de cascalho.

El Tronador é provavelmente um dos picos mais espetaculares da região. Seu nome deriva do som de trovão produzido por pedaços de gelo que caem centenas de metros pelas paredes íngremes da montanha. Fomos recebidos com esse rugido no vale de Pampa Linda. Para dar um passeio em direção à Laguna Ilón, tomamos o caminho que começa a poucos metros da Seccional de Guardaparques. Depois de caminhar trezentos metros, faz-se um desvio à direita e então mais alguns minutos de caminhada até o rio Alerce, que pode ser atravessado por uma ponte pênsil. O meu nariz, o ritmo, o padrão e o ar seguiam exatamente o que eu havia planejado. Mas, de repente, na estrada sempre muito bem sinalizada, há uma encosta muito íngreme que continua por dois quilômetros até chegar a uma zona de *mallines* (uma espécie de alagadiços) que deve ser rodeada até a Laguna Ilón.

Quando comecei a subir, e apesar de o fazer muito lentamente, com passos curtos e apoiando toda a sola dos pés, creio que ainda não tinha andado dez metros quando minha respiração começou a ficar pesada. Cinquenta passos depois, minha boca se abriu para deixar entrar mais ar. E, trinta passos depois, eu não me importava como eu respirava, mas se chegaria ao topo em boas condições. Faltando pelo menos um quilômetro de subida, parei de sentir raiva de mim mesmo por não ter conseguido atingir meu objetivo e tentei ser mais compassivo. O esforço, o treino, a disciplina, a técnica valeram (e valem) até hoje. De repente, me vi olhando para o chão enquanto subia. Levantei a cabeça e todos do meu grupo olhavam para o chão, a passos lentos e curtos rumo à encosta inclinada. Quando olhei para cima encontrei o topo das árvores que tentavam esconder um céu muito azul. Travei por alguns segundos enquanto os outros seguiam em frente, e respirei fundo várias vezes pelo nariz, sentindo a pureza do ar frio do sul da Argentina. Ao retomar o passo monótono, fatigado e quase robótico costa acima, me lembrei de um casebre de madeira que construí na copa de uma árvore, quando criança, com meu amigo Matías em um terreno que meus pais tinham herdado do meu avô nos arredores de Buenos Aires. Sorri por dentro e comecei a pensar como seria viver nas copas das árvores.

Exercício

Gratidão para consigo mesmo

Reserve um momento para refletir sobre você, sua vida e as várias coisas pelas quais você é grato. Em particular, pense no seguinte:

1. Três experiências positivas recentes para as quais você contribuiu. Agradeça por essas contribuições.
2. Três habilidades ou pontos fortes que você possui. Agradeça por esses dons.
3. Três desafios a partir dos quais você cresceu. Agradeça pelo crescimento experimentado por você como resultado desses desafios.
4. Três áreas nas quais você deseja melhorar. Agradeça pela oportunidade de autorreflexão.

Desça da árvore

Aqui está uma das poucas coisas que temos 100% de certeza nesta vida: quando entramos no mundo, a primeira coisa que fazemos é **inspirar** e, quando nos despedimos dele, a última coisa que fazemos é **expirar**. Entre a primeira inspiração e a última expiração, ocorre a vida. A sua vida. Para ser simplista, respirar é a grande diferença que conhecemos entre vida e morte.

Nos últimos anos, entraram em moda técnicas, métodos, fórmulas, disciplinas, ferramentas que nos ajudam a "respirar" melhor nos diferentes momentos de nossas vidas. Respiração consciente. Alguns sábios antigos disseram que cada emoção tem seu padrão respiratório único e particular. Sua vida é movimento porque respirar é movimento.

Os doutores Takase e Haruki abriram recentemente um caminho até então inexplorado para a ciência que busca compreender a relação entre respiração, emoção e tensão muscular. Aqui estão algumas de suas descobertas:

Emoção: alegria.
Respiração: lenta e uniformemente espaçada, com expiração mais longa que a inspiração e pausa expiratória longa.
Tensão muscular: relaxada.

Emoção: amor erótico.
Respiração: respirações profundas e rápidas, seguidas de respirações mais lentas e mais curtas, que podem ou não ter pausa expiratória.
Tensão muscular: alternada entre relaxada e tensa.

Emoção: sorrindo.
Respiração: profunda e abrupta com um curto impulso expiratório e uma curta pausa expiratória.
Tensão muscular: relaxada.

Emoção: tristeza, choro.
Respiração: longa e profunda, com rajadas curtas, tremores e suspiros durante a expiração. Pode ou não ter pausa expiratória.
Tensão muscular: principalmente relaxada, mas pode haver alguma tensão no peito durante a inspiração.

Emoção: raiva.
Respiração: extremamente profunda e rápida, com pouca variação e sem pausa expiratória.
Tensão muscular: forçada.

Emoção: medo e ansiedade.
Respiração: respirações muito rápidas, altamente variáveis, superficiais, com expirações incompletas e sem pausa expiratória.
Tensão muscular: forçada.

Você respira pelo menos novecentas vezes por hora. Cerca de 21 mil vezes por dia e mais de 150 mil vezes por semana. Apenas o músculo cardíaco se move mais do que isso. Isso significa que você tem uma grande oportunidade de desenvolver uma memória muscular que transforma certa maneira de **respirar em um padrão automático**. E, como sua respiração está ligada à maneira como você se move, a maneira como você se move também afeta a forma como você respira. Por exemplo, se você se mover de forma decisiva (queixo para baixo, mandíbula cerrada, olhos focados, corpo para a frente) ou hesitante (corpo para trás, testa franzida, estômago revirando em resposta ao estresse), esses estados de espírito serão repetidos, evocados por essa forma de respirar.

Você pode presumir que respirar é uma ação passiva, algo que você simplesmente faz. No entanto, é muito provável que sua capacidade respiratória (e a de todos nós) tenha se deteriorado ao longo da História. Talvez você também acredite que seu nariz é algo secundário, e que se não o tivesse poderia respirar pela boca. Vamos ver.

Há bilhões de anos, quando surgiram os primeiros seres vivos, a atmosfera continha principalmente dióxido de carbono. Esses seres microscópicos usavam esse gás como combustível e eliminavam seu resíduo, o oxigênio. Há 2 bilhões de anos já havia tanto oxigênio na atmosfera que "alguém" começou a utilizá-lo: o primeiro ciclo de vida aeróbica. Acontece que o oxigênio é dezesseis vezes mais poderoso energeticamente que o dióxido de carbono. Essa eficiência energética provavelmente impulsionou os seres vivos a evoluir, a conquistar a terra, o mar e os céus. Você, mamífero, desenvolveu um focinho para aquecer o ar e purificá-lo, sua garganta leva o ar até os pulmões, onde uma rede se dedica a extrair oxigênio e transferi-lo para o sangue.

No entanto, há 1,5 milhão de anos, as vias respiratórias começaram a mudar e a ficar escoriadas, o que afetou a forma como as pessoas no planeta respiravam. Era a época do *Homo habilis*, que já havia descido das árvores, andava sobre duas pernas e usava o polegar opositor para agarrar as coisas. Começamos a cortar e a cozinhar a comida, o que nos acrescentava calorias extras. Isso tudo fez com que o cérebro precisasse de mais espaço para se acomodar, o que o afastou da frente do rosto. Com o tempo, os músculos do rosto se afrouxaram, os ossos da mandíbula enfraqueceram e ficaram mais finos. O rosto encurtou e a boca se estreitou, deixando uma protuberância óssea: um nariz que substituiu o focinho achatado dos nossos antepassados. Esse nariz menor e mais vertical filtrava menos, nos expondo a bactérias e a vírus transportados pelo ar. A garganta também foi reduzida. Quando você cozinha alimentos leves e com alto teor calórico, seu cérebro fica maior e suas vias respiratórias menores.

Trezentos mil anos atrás, apareceu na savana africana o *Homo sapiens*, que posteriormente conquistaria todas as latitudes. Em climas frios, o nariz se estreitava e se alongava para aquecer o ar que entrava nos pulmões; em climas quentes, tornava-se mais largo e achatado, mais eficiente para inalar ar quente e úmido. Nesse momento, uma nova adaptação aconteceu. A laringe desceu até a garganta para viabilizar a comunicação oral. Isso permitiu que se abrisse um espaço na parte posterior da boca para uma maior variedade de vocalizações e entonações. Lábios menores, mais fáceis de manipular. Língua mais flexível e ágil para controlar sons. Contraditoriamente, o domínio do fogo, o processamento dos alimentos, um cérebro maior e a capacidade de se comunicar por meio de sons nos permitiram dominar as outras espécies, mas obstruíram a boca e a garganta, o que dificultou nossa respiração.

O jornalista investigativo James Nestor protagonizou um experimento em que suas narinas foram cobertas com tampões de silicone e esparadrapo cirúrgico por dez dias. Ele tinha que comer, beber, fazer exercícios e dormir apenas respirando pela boca. Depois, repetiu a mesma coisa, mas então respirando apenas pelo nariz. Antes, entre e depois desses dois cenários, ele foi submetido a diversos exames, como gasometria arterial, indicadores inflamatórios, níveis hormonais, olfato, rinometria, capacidade pulmonar etc. Ele comparou os dados e observou mudanças em seu cérebro e corpo. Ao respirar apenas pela boca, Nestor experimentou um aumento significativo na pressão arterial, uma queda na variabilidade da frequência cardíaca — o que deixou seu corpo em estado de estresse crônico, com aumento do pulso, diminuição da temperatura corporal — e uma queda na clareza mental, além de declarar que se sentia péssimo de maneira geral, e que a cada dia a sensação era ainda pior. Seu ronco aumentou 4.820% e ele começou a sofrer de apneia obstrutiva do sono, o que fez com que seus níveis de oxigênio caíssem para menos de 85%. Quando o nível está abaixo de 90%, o sangue não consegue transportar quantidade suficiente oxigênio para o resto dos tecidos. Além disso, respirar pela boca causava uma alteração no oxigênio do córtex pré-frontal, área que usamos para pensar. Você vai continuar respirando pela boca?

Em diferentes experiências com atletas profissionais, as conclusões são semelhantes. Treinar para respirar pelo nariz reduz pela metade o esforço do atleta e proporciona enormes ganhos em sua resistência. Porém, 50% da população mundial respira pela boca e uma parcela menor sofre de algum tipo de obstrução nasal. Alguns culpam alergias, estresse, ar seco etc. Porém, hoje sabemos que, quando a boca não cresce o suficiente, o palato sobe, formando um "v" ou se arqueando. Essa deformação do palato impede o desenvolvimento da cavidade nasal, o que afeta as estruturas internas do nariz. À medida que esse espaço é reduzido, a passagem do ar fica bloqueada com maior frequência e se torna mais difícil respirar. As bactérias se instalam e se reproduzem, causando resfriados e cada vez mais congestionamento. É isso o que acontece quando respiramos pela boca.

Seu corpo pode produzir energia a partir dos alimentos e do ar. Ao usar oxigênio, temos a respiração aeróbica; sem oxigênio, a anaeróbica. A energia gerada por esta última é mais difícil e efêmera e utiliza apenas glicose. Basicamente, é um sistema de reserva para quando o corpo não tiver oxigênio suficiente. Apesar disso, esse tipo de energia não é eficiente e pode ser tóxica, pois produz ácido láctico em excesso. Como quando você sente fraqueza muscular, suor e náuseas após um esforço excessivo do corpo. A respiração aeróbica é dezesseis vezes mais eficiente.

Então, respirar pela boca muda seu corpo físico e transforma suas vias respiratórias. Os tecidos moles da parte posterior da boca se soltam e se curvam para dentro. Isso reduz o espaço e torna a respiração mais difícil. Quanto mais você respira pela boca, mais respirará pela boca. Mas inspirar pelo nariz força todo o ar a atingir os tecidos moles na parte posterior da garganta, o que alarga as vias respiratórias e facilita a respiração. Esses tecidos são tonificados para permanecer nessa posição ampla e aberta.

Respirar pelo nariz faz com que você respire mais pelo nariz. Posso confirmar, pois vivi isso há quase um ano.

Exercício
Respiração Bhastrika

A respiração Bhastrika é uma técnica antiga, fácil e rápida que acalma o corpo e a mente. Para praticá-la, levante rapidamente os braços esticados ao inspirar e abaixe-os rapidamente ao expirar. Repita o movimento por pelo menos 10 respirações, respirando apenas pelo nariz, se possível. Praticar este exercício várias vezes ao dia pode ajudá-lo a se sentir mais calmo.

Nariz

O olfato é o sentido mais antigo da vida. Em uma respiração, bilhões de moléculas de ar entram pelo seu nariz a oito quilômetros por hora, a uma distância de alguns metros ao seu redor. Portanto, respirar não é apenas fazer o ar entrar no corpo, mas nos conecta intimamente com o ambiente ao redor. O nariz é fundamental porque filtra o ar, aquece-o e umedece-o para que seja mais fácil absorvê-lo. As narinas vibram em seu próprio ritmo, abrindo-se e fechando-se em resposta ao humor e ao estado mental. É o que chamamos de ciclos nasais. A narina esquerda se abre enquanto a direita se fecha, alternando-se entre trinta minutos e quatro horas. Essa alternância pode ser influenciada por impulsos sexuais. O tecido interno que reveste o nariz é erétil. Na verdade, ele é parecido com a mesma pele que cobre o pênis, o clitóris e os mamilos. Em segundos, o nariz também pode se encher de sangue para se tornar maior e mais duro. Seu nariz está intimamente conectado com seus órgãos sexuais. Quando um fica animado, o outro responde. Apenas pensar em sexo poderá fazer você ter ereções nasais que o levem a espirrar ou sentir falta de ar.

Existe a rinite de lua de mel. Esse tecido erétil, coberto por uma membrana mucosa, reveste os cornetos, localizados na entrada dos orifícios nasais. É justamente essa membrana que filtra partículas e contaminantes. A primeira linha de defesa: seu muco. E ele se move o tempo todo, varrendo partículas a uma velocidade de cerca de dezoito metros por dia. Ele faz com que os resíduos desçam pela garganta e cheguem ao estômago, onde são esterilizados pelo ácido estomacal e depois transferidos para o intestino. O trabalho dos cornetos permite que os pulmões extraiam mais oxigênio a cada respiração.

Outra coisa que a ciência já comprovou diversas vezes: o tecido nasal erétil reflete seu estado de saúde. Se você estiver doente ou em estado de desequilíbrio, ele fica inflamado. Além disso, quando o nariz está infectado, os ciclos nasais são mais pronunciados e se alternam mais rapidamente. Quando você inspira pela narina direita, a circulação acelera, a frequência cardíaca, a pressão arterial e o cortisol aumentam e a temperatura corporal sobe. A narina direita ativa o sistema autônomo simpático, que coloca seu corpo em estado elevado de alerta. Além disso, dessa forma você fornece mais sangue ao córtex pré-frontal esquerdo, relacionado à linguagem, à lógica e à razão. Por outro lado, ao inspirar pela narina esquerda, você ativa o sistema autônomo parassimpático. Seu corpo esfria, sua pressão arterial cai e sua ansiedade é reduzida. Mais sangue chega ao córtex pré-frontal direito, relacionado a pensamentos mais criativos, abstrações mentais e emoções menos prazerosas. Quem pratica ioga conhece muitos exercícios para forçar a respiração pelos diferentes orifícios e manipular as funções do corpo.

Hoje, a capacidade pulmonar é o melhor indicador da expectativa de vida, mais do que sua genética, o que você come ou a quantidade de exercício físico que pratica. Quanto menores e menos eficientes forem os pulmões, menor será sua vida. E vice-versa. Ou seja, qualquer prática diária que expanda os pulmões e mantenha sua flexibilidade pode aumentar (ou pelo menos manter) a capacidade pulmonar. Somente a prática de exercícios moderados, como andar de bicicleta, caminhar ou dançar, pode aumentar o tamanho dos pulmões em até 15%. Do contrário, é muito provável que, se você tem entre trinta e cinquenta anos, já tenha perdido 12% da sua capacidade pulmonar.

Exercício
De desabafo

Quando você se sente preso na energia avassaladora de um estado de sobrevivência (fuga ou luta), é necessário encontrar uma maneira de liberar energia com segurança. Talvez você use frequentemente a linguagem, falada ou escrita, para expressar sua raiva ou ansiedade. Embora o desabafo seja geralmente descrito como uma reclamação longa e barulhenta, se você criar suas próprias regras para desabafar, poderá experimentar uma libertação pacífica. Um desabafo pode ser escrito ou falado, em particular ou com alguém. As únicas regras para fazer isso: que você libere essa energia de maneira não destrutiva, e que o conduza a um estado de equilíbrio. Experimente diferentes formas de desabafar. Desabafar não resolve o problema que o levou a esse estado, mas o ajuda a liberar energia suficiente para que você possa encontrar o caminho para a regulação. A partir de um estado de equilíbrio, você recupera a perspectiva, enxerga mais claramente e pode explorar opções. Preste atenção ao seu estado respiratório ao desabafar e depois de fazê-lo.

Ascensorista, a porta, por favor

Ao inspirar, o ar deve primeiro descer pela garganta e depois, na *carina traqueal*, o fluxo é dividido entre os pulmões direito e esquerdo. Ao entrar, o ar é empurrado para dentro de tubos chamados bronquíolos. E, finalmente, a primeira parte da viagem termina quando chegamos aos alvéolos, que são mais de 500 milhões de bulbos muito pequenos. Na segunda parte, as moléculas de oxigênio deslizam através das membranas dos alvéolos até os glóbulos vermelhos. O oxigênio é "carregado" na hemoglobina, encontrada nos glóbulos vermelhos, e de lá viaja para o resto do corpo.

Os glóbulos carregados de oxigênio seguem para tecidos e músculos "famintos" e são trocados por dióxido de carbono. Quando isso acontece, os glóbulos vermelhos iniciam sua jornada de volta aos pulmões e o dióxido de carbono atravessa os alvéolos, sobe pela garganta e sai pela boca e nariz quando você expira. Essa viagem toda leva aproximadamente um minuto. Durante essa troca gasosa, você perde peso, pois exala mais peso do que inspira. Para cada quatro quilos e meio de gordura perdidos no seu corpo, quase quatro quilos saem pelos pulmões. Você elimina o resto suando ou urinando. Ou seja, seus pulmões são o sistema que regula seu peso.

No entanto, quando você respira no ritmo normal, seus pulmões absorvem apenas um quarto do oxigênio disponível no ar. Ou seja, três quartos desse oxigênio são expelidos novamente. Mas, se você respirar mais longa e lentamente, seus pulmões absorverão mais oxigênio em menos respirações. Você pode treinar para atingir seis respirações por minuto. Vamos ver por quê...

Exercício
De suspiro

Você suspira de maneira espontânea ao longo do dia, mas também pode suspirar intencionalmente para interromper momentaneamente um estado de sobrevivência e apreciar a experiência de estar ancorado em modo seguro. Experimente diferentes suspiros: profundos ou superficiais, fortes ou suaves, pelo nariz ou pela boca. A cada suspiro, procure mudanças sutis em seu estado e pensamentos. Conecte-se com um momento de colapso e imobilização e dê um suspiro de desespero. Conecte-se com um momento de mobilização e dê um suspiro de frustração. Conecte-se com um momento em que você se sinta equilibrado e respire aliviado. Fique neste lugar de segurança e conexão e dê um suspiro de contentamento.

Mantras

Pesquisadores italianos em Pavia descobriram que a récita do mantra budista, a versão latina original do rosário, o ciclo católico da oração da Ave Maria, as orações hindus, taoístas ou dos nativos americanos, todas são feitas entre 5,5 e 6 respirações por minuto.

Por exemplo, o canto budista "*Om mani padme hum*" é recitado em seis segundos e depois inalado durante seis segundos antes de recomeçar. O mesmo acontece com o canto *do "Om"* do Jainismo, que também leva seis segundos. Na Kundalini Ioga é "*Sa ta na ma*". **Respirações profundas e lentas absorvem mais oxigênio.** Ao respirar nesse padrão lento, o fluxo sanguíneo para o cérebro aumenta e o seu corpo entra num estado de coerência — quando o coração, o sistema circulatório e o sistema nervoso se coordenam para atingir um pico de eficiência. A partir disso, pesquisadores de Nova York usaram o mesmo padrão respiratório, sem os mantras, para melhorar a ansiedade e reduzir a depressão nos pacientes, mesmo por apenas cinco minutos por dia. Apesar disso, em termos médicos, considera-se que a respiração "normal" seria entre doze e vinte vezes por minuto. Em outras palavras, você se acostumou a respirar excessivamente.

Em suma, respirar menos não é o mesmo que respirar lentamente. O segredo é praticar menos inspirações e expirações para inspirar um volume menor. Quando você respira, quase todas as funções do seu corpo são afetadas, e respirar 10-20% mais do que o seu corpo necessita pode sobrecarregar seus sistemas. A repetição disso os fará enfraquecer. Vários estudos demonstraram que pacientes com asma, hipertensão e outras enfermidades respiram todos da mesma forma: muito. Entre quinze litros ou mais de ar por minuto, e quase tudo pela boca. Sua frequência cardíaca é geralmente de noventa batimentos por minuto. Esses pacientes têm muito oxigênio no sangue, mas o mais interessante: eles também têm muito menos dióxido de carbono; cerca de 4%, em vez dos 5% esperados.

Com base nesses resultados, diversas técnicas foram geradas na comunidade para hipoventilar, obtendo sempre os mesmos resultados, fossem em atletas ou não: melhora notável no desempenho, aumento da resistência, redução da gordura corporal, melhora do sistema cardiovascular e aumento de massa muscular, em comparação com os que faziam exercícios mas respiravam "normalmente". A hipoventilação funciona, mas não significa que seja prazerosa. Ela ajuda seu corpo a fazer mais com menos. Você pode encontrar informações sobre treinamento em hipoventilação no site do treinador esportivo James Counsilman (http://www.hypoventilation-training.com/).

A respiração excessiva tem outros efeitos no corpo. Quando você respira demais, expele muito dióxido de carbono e o pH diminui, tornando o sangue mais ácido. Porém, quase todas as funções celulares ocorrem em um pH de 7,4, ou seja, um ponto ideal entre o alcalino e o ácido. Quando você se afasta desse ponto, o corpo tenta recuperá-lo. Por exemplo, os rins começam a liberar bicarbonato na urina, o que deve ser uma solução apenas temporária. Se fizer isso por meses ou anos, você começará a esgotar os minerais do seu corpo, uma vez que o bicarbonato de sódio também secreta magnésio, fósforo, potássio e outras substâncias. Sem esses minerais, seus nervos falham, alguns músculos sofrem espasmos e suas células não produzem mais energia com eficiência. Isso acaba dificultando a sua respiração.

Com tudo isso, podemos concluir que a respiração perfeita é a ingestão de cerca de 5,5 litros de ar por minuto em repouso. Isso significa inspirar em 5,5 segundos e expirar em 5,5 segundos. Faça um teste. É uma estrada de mão única, você nunca mais vai respirar como antes.

A propósito

Se você pensar bem, respirar não é apenas um ato bioquímico ou físico. Não se trata apenas de alimentar células e expelir resíduos, mover o diafragma para baixo e sugar o ar. Os milhões de moléculas que entram no seu corpo quando você respira têm outra função muito importante: elas ligam ou desligam a maioria dos seus órgãos internos. Elas afetam sua digestão, humor, frequência cardíaca, quando você está atento e estimulado ou cansado e tonto. Essas moléculas de ar ativam o já estudado sistema nervoso autônomo (SNA). Aparentemente, elas seriam o que os hindus chamam de *prana* ou "sopro da vida". No hinduísmo, essa é a energia vital que permeia e conecta tudo no universo. *Prana* significa literalmente "ar que avança", o ar que se move para dentro.

Como já vimos, o seu sistema nervoso autônomo é dividido em simpático (SNAS) e parassimpático (SNAP), ambos fundamentais para o seu bem-estar. Este último é responsável pelo seu relaxamento e recuperação. Por exemplo, salivar antes de comer, relaxar a barriga para eliminar resíduos, estimular os órgãos genitais antes de fazer sexo. O simpático desempenha o papel oposto: estimula os órgãos a se preparar para a ação; redireciona o fluxo sanguíneo para os músculos e o cérebro, diminuindo o sangue no estômago, bexiga e outros órgãos menos vitais; aumenta a frequência cardíaca e a adrenalina estreita os vasos sanguíneos. Sua mente fica mais aguçada e suas mãos suam. Seus pulmões estão cobertos de nervos (lembra-se do nervo vago?), e aqueles que se conectam ao SNAP estão localizados na parte inferior deles. É por isso que respirar longa e lentamente é tão relaxante. Quando as moléculas de ar descem mais profundamente, elas ativam os nervos parassimpáticos. E eles enviam mensagens aos órgãos para que descansem. Mas, quando o ar sobe ao expirar, a resposta parassimpática é ainda maior.

Por tudo isso, quando você inspira profunda e suavemente, e quanto mais longa é a expiração, mais calmo você fica. Sua frequência cardíaca se reduz. Por outro lado, na parte superior dos pulmões estão os nervos simpáticos. Eles são ativados por moléculas de ar ao respirar de forma mais curta e rápida. Seu corpo evoluiu para suportar esses estados de alerta "simpático" por curtos momentos, e apenas de vez em quando. Embora demore um segundo para ligar e ativar o estado de alerta, desligar, recuperar e relaxar pode levar horas ou dias. Você já tentou comer depois de uma discussão acalorada?

Parece ilógico causar estados de estresse no corpo e mente por meio da respiração, mas o que acontece quando você respira mais ou menos de propósito? Técnicas de respiração extremas podem causar diferentes estados alterados do corpo e da mente. Muitas delas são consideradas prejudiciais à saúde e podem exigir tratamento médico. Mas é muito diferente se você praticar essas técnicas de maneira controlada, quando conscientemente força seu corpo e mente a entrar em hipóxia ou hiperventilar por alguns minutos diariamente.

Híper

A hiperventilação ocorre quando você respira rapidamente, geralmente causando falta de ar. Você está derrubando os níveis de dióxido de carbono no sangue. Essa perda é a causa de muitos dos sintomas de hiperventilação: sensação de confusão, tonturas, fraqueza ou incapacidade de pensar com clareza, sensação de não conseguir respirar, dor de barriga, batimentos cardíacos rápidos e fortes, boca seca, espasmos, dor muscular nas mãos e pés e dormência e formigamento nos braços ou ao redor da boca são os sinais mais comuns. Você pode hiperventilar por motivos emocionais, por exemplo, durante um ataque de pânico. Mas também devido a um problema médico, como uma infecção. Muitas vezes, ao hiperventilar, você consegue detectar os sintomas descritos acima, mas não percebe que está respirando rápida e profundamente.

Na hipoventilação, ocorre o oposto. Ela aumenta a concentração de dióxido de carbono, conhecida como hipercapnia. Esse tipo de respiração lenta e superficial pode ser considerada uma precursora da hipóxia, quando ocorre a toxicidade por dióxido de carbono. Provocar um estado de estresse no corpo e mente de forma controlada e consciente, alterando a maneira como você respira para produzir hiperventilação ou hipóxia, pode ser benéfico. É verdade que, ao fazer exercícios físicos, o fluxo sanguíneo poderá aumentar um pouco para o cérebro e o corpo. Só um pouco. Mas, ao respirar intensamente, você força seu corpo a inspirar mais ar do que necessita. Isso faz com que você comece a exalar mais dióxido de carbono, causando uma contração dos capilares e uma subsequente diminuição da circulação, o que ocorre principalmente no cérebro. Em poucos minutos, ao hiperventilar, o fluxo no cérebro pode ser reduzido em até 40%. O local mais afetado é o hipocampo e o córtex pré-frontal, occipital e parietal. Essas áreas governam sua memória, sua percepção de si mesmo, sua experiência do tempo, **as informações sensoriais do seu corpo** e o seu processamento visual. Você pode ter alucinações.

A forma mais conhecida de produzir hiperventilação controlada vem do Nepal e é chamada de respiração de fogo ou *tummo* (que significa *fogo interior*). No inverno gelado do Himalaia, os monges tibetanos realizam esse tipo de respiração para aquecer o corpo. Conectados a sensores, hoje sabemos que por meio dessa técnica eles conseguem elevar a temperatura de suas extremidades em até oito graus. Mas o uso indevido desse tipo de respiração, geradora de picos de energia muito elevados, pode causar graves danos mentais.

No ano 2000, um holandês chamado Wim Hof simplificou, aperfeiçoou e disponibilizou a técnica por meio de vídeos e redes sociais. Hoje ela é utilizada por atletas profissionais e pelos Navy Seals na preparação para situações difíceis, bem como por pessoas com baixo nível de estresse, metabolismo lento e dores generalizadas. Ao causar esses níveis de estresse por hiperventilação, não falamos sobre algo que "aconteceu com você", mas de algo "que você está fazendo a si mesmo" — o que muda toda a perspectiva. É um estresse do qual você está ciente.

Imagine que seus pulmões são como um painel solar. Quanto maior o painel, mais células absorvem luz e, portanto, mais energia fica disponível. A respiração intensa pode aumentar o espaço disponível para a troca gasosa em até 40%. Isso permite que você consuma o dobro da quantidade de oxigênio em até quarenta minutos após o término de exercícios respiratórios intensos. Lembre-se que o conhecido nervo vago é o interruptor que liga e desliga os órgãos em resposta ao estresse. Quando o nível de estresse que você percebe é muito alto, o nervo vago diminui a frequência cardíaca, a circulação e certas funções orgânicas. Isso é observado em répteis e mamíferos que "se fingem de mortos" em situações perigosas. É a imobilização. Você se lembra disso? Dessa forma eles conservam sua energia e evitam os ataques de predadores.

Nossa maneira de nos "fingirmos de mortos" é desmaiar. O nervo vago controla o desmaio. A maioria de nós geralmente não desmaia ao ouvir más notícias ou ver uma cobra, ou sangue, embora alguns sejam ultrassensíveis e isso possa ocorrer. Embora seja raro sentirmos uma tensão total que nos leve ao desmaio, isso não significa que vivamos relaxados. No mundo de hoje, é como se você estivesse meio acordado quando dorme e meio adormecido quando está acordado. Isso faz com que seu nervo vago esteja sempre um pouco estimulado. Dessa forma, seus órgãos nunca desligam, nunca descansam. O sangue que corre nas veias e artérias fica mais lento, causando um curto-circuito de comunicação entre os órgãos e o cérebro. Você pode viver assim perfeitamente, mas não pode chamar isso de saúde. Fato: oito dos dez tipos de câncer mais comuns afetam órgãos nos quais o fluxo sanguíneo é interrompido durante longos períodos de estresse.

Hoje sabemos que uma das formas de ativar o nervo vago ocorre pela respiração. E você sempre pode escolher como e quanto respirar. Se respirar rápida e intensamente, ativará o sistema simpático e o nervo vago o levará a um estado de tensão. Do contrário, você abre a comunicação com o nervo vago parassimpático, causando relaxamento. Ou seja, a respiração dá acesso e controle ao sistema nervoso autônomo. A ciência mostra que respirar rápido e intensamente produz uma enorme quantidade de adrenalina, cortisol e noradrenalina, além de um conjunto de células do sistema imunológico. Tudo isso permite combater agentes infecciosos e reparar ferimentos, levar mais sangue aos músculos e ao cérebro e reduzir respostas inflamatórias. Além disso, temos a produção de dopamina e serotonina, dois opioides naturais do corpo.

Exercício
De Tummo
Consulte um profissional de saúde se tiver dúvidas.

Sente-se em uma posição confortável e feche os olhos. Procure relaxar a mente, deixe os pensamentos fluírem e evite ficar preso a algum deles. Visualize um fogo no seu estômago, ao redor do umbigo. Enquanto faz isso, imagine que você é um globo oco com uma bola de fogo interna; tente manter essa imagem durante todo o exercício. Inspire profundamente pelo nariz, arqueando ligeiramente as costas e expandindo o tronco e o peito. Imagine que o oxigênio que você respira alimenta o fogo, ajudando-o a ficar maior e mais quente. Expire fortemente pela boca com os lábios em círculo, curvando-se ligeiramente para a frente e envergando a coluna. Ao fazer isso, imagine que a chama e seu calor estão se expandindo por todo o corpo. Repita esse padrão de respiração mais cinco vezes e observe enquanto o calor começa a aumentar. Após a quinta inspiração, engula suavemente e sinta como o calor permanece sob o diafragma. Tente contrair os músculos da base pélvica a fim de impulsionar a respiração para cima. A ideia é fazer o diafragma empurrar a respiração para baixo, enquanto os músculos da base pélvica a empurram para cima. Expire depois de prender a respiração o maior tempo possível, relaxando os músculos ao mesmo tempo. Ao repetir essa respiração várias vezes, você começa a notar como a temperatura do seu corpo aumenta.

Hipo

No processo contrário, quando você respira muito devagar, os níveis de dióxido de carbono no sangue aumentam. É a hipóxia. Essa mudança é captada pelos quimiorreceptores centrais do tronco cerebral, uma estrutura alongada onde a medula espinhal, o cerebelo e o cérebro se unem. Esses receptores enviam sinais de alarme ao cérebro, que informa aos pulmões para que respirem mais rápido e mais profundamente. Ou seja, seu corpo determina a frequência e a velocidade de sua respiração com base nos níveis de dióxido de carbono, e não nos níveis de oxigênio. Eles são os quimiorreceptores que dão a você aquela sensação de sufocamento quando prende a respiração. Esses receptores existem no planeta desde o surgimento das primeiras bactérias, os primeiros seres vivos. À medida que evoluímos, os quimiorreceptores se adaptaram ao ambiente e se tornaram mais dúcteis. Graças a isso, você pode conviver com diferentes níveis de oxigênio e dióxido de carbono abaixo de 240 metros e acima de 4.800 metros acima do nível do mar. O treinamento de quimiorreceptores permite que atletas escalem montanhas sem oxigênio suplementar ou mergulhem por minutos embaixo d'água. Eles podem suportar, sem entrar em pânico, flutuações significativas no dióxido de carbono.

Sabemos que prender a respiração não é saudável. Condições como a apneia do sono, em que você prende a respiração de forma inconsciente e crônica enquanto dorme, são muito prejudiciais à saúde. Da mesma forma, ao realizarmos muitas tarefas ao mesmo tempo no trabalho, tendemos a respirar de forma irregular e superficial: isso é conhecido como *atenção parcial contínua*. Você pode ficar sem respirar por até quase um minuto sem perceber. Mas, da mesma forma que ocorre com a hiperventilação e sua técnica do fogo interior, você também pode prender a respiração de maneira consciente. Há várias terapias que usam o dióxido de carbono. Durante cinquenta anos, a partir do início do século XX, misturas de 5%

de dióxido de carbono e o restante de oxigênio foram utilizadas com sucesso para tratar pneumonia, asma e asfixia em recém-nascidos. Também foram realizados experimentos com misturas de 30% de dióxido de carbono e 70% de oxigênio para tratar ansiedade e epilepsia. Depois disso, essas pesquisas pararam e surgiram cremes, broncodilatadores e esteroides. No entanto, hoje a ciência aponta que pessoas com anorexia, perturbações de pânico ou perturbações obsessivo-compulsivas apresentam níveis consistentemente baixos de dióxido de carbono, bem como maior medo de prender a respiração. Não sabemos claramente se elas têm ansiedade porque hiperventilam ou se hiperventilam porque têm ansiedade.

Exercício

Hipoventilação Buteyko

Consulte um profissional de saúde se tiver dúvidas

Este exercício de hipoventilação, realizado de maneira correta, pode oferecer enormes benefícios, pois ajuda a treinar seu corpo a fazer mais com menos. VO2 máximo é o volume máximo de oxigênio que o corpo pode processar durante o exercício. Em outras palavras, essa é a quantidade de oxigênio que você aproveita ao respirar e que pode utilizar ao praticar um esporte. Ao preparar seu corpo para respirar menos, há um aumento no seu VO2 máximo, ou seja, sua resistência e desempenho físico aumentam, bem como sua massa muscular e função cardiovascular. Por exemplo, quando os atletas treinam durante várias semanas para respirar menos, seus músculos se tornam mais bem adaptados para tolerar a acumulação de lactato produzido pela hipoventilação.

O lactato é um derivado da glicose produzido nos tecidos sob condições anaeróbicas ou fornecimento insuficiente de oxigênio. Isso permite que seus corpos extraiam mais energia durante estados de estresse anaeróbico e, como resultado, possam treinar mais e por mais tempo. Esse treinamento de hipoventilação também aumenta os glóbulos vermelhos, permitindo transportar mais oxigênio e produzir mais energia a cada respiração. Asmáticos, pessoas com enfisema e outras doenças respiratórias crônicas, bem como qualquer pessoa, podem se beneficiar com essa respiração, mesmo que apenas por alguns minutos por dia.

1. Caminhe ou corra por cerca de um minuto enquanto respira normalmente pelo nariz.
2. Expire e aperte o nariz com os dedos para fechá-lo, mantendo o ritmo de caminhada ou corrida.
3. Quando sentir falta de ar, solte o nariz e respire suavemente por 10 a 15 segundos, mas aproximadamente na metade da sua velocidade normal.
4. Em seguida, retorne à respiração normal por 30 segundos.
5. Repita todo o procedimento cerca de 10 vezes.

Oxidado

Um dos cientistas que mais tempo se dedicaram à compreensão do processo respiratório foi o ganhador do Prêmio Nobel Albert Szent-Gyorgyi. Seu trabalho consistia em compreender como o ar que respiramos está relacionado, em nível subatômico, aos tecidos, órgãos e músculos. Como o ar nos dá vida. Já estudamos que toda matéria é, basicamente, energia. Moléculas compostas de átomos, que por sua vez são formados por prótons com carga positiva, elétrons com carga negativa e nêutrons sem carga. Quão excitados ou ativos estão os elétrons é o que separa os objetos animados (você) dos inanimados (uma pedra). Quanto mais fácil e mais frequentemente os elétrons são transferidos entre as moléculas, mais viva está a matéria.

As primeiras formas de vida eram compostas pelos conhecidos "aceitadores fracos de elétrons". Esses seres possuíam matéria com menos energia, portanto com poucas chances de evoluir. Mas esses seres primitivos liberaram oxigênio residual, que, como já contei, se acumulou na atmosfera. O oxigênio é um "potente aceitador de elétrons". Quando evoluímos para consumir oxigênio, ele atraía e trocava muito mais elétrons. Isso causou um excedente de energia, permitindo que a vida primitiva evoluísse para a forma de plantas e animais.

Quando as células do seu corpo perdem a capacidade de atrair oxigênio, os elétrons ficam mais lentos e param de ser trocados entre as células. Assim, o crescimento deixa de ser equilibrado e se torna anormal. Isso é chamado oxidação dos tecidos. Câncer. Os cânceres se desenvolvem em ambientes com baixo teor de oxigênio. Portanto, para se manter saudável, o melhor é inundar o corpo com o "potente aceitador de elétrons": o oxigênio. E você já aprendeu que a melhor forma de fazer isso é respirar lenta e profundamente, e pelo nariz. Dessa forma você contribui para o equilíbrio dos gases respiratórios no corpo, enviando mais oxigênio para mais tecidos a fim de que suas células tenham maior *reatividade eletrônica*. A energia que se move através dos elétrons permite que os seres vivos permaneçam vivos e com melhor saúde por mais tempo.

Resumindo, seu corpo evoluiu para que possa respirar por dois locais diferentes, nariz e boca, pois assim suas chances de sobrevivência aumentam. Se o seu nariz ficar entupido, a boca é o sistema que o substitui. Agora, lembre-se de que seu corpo não foi projetado para processar o ar diretamente pela boca ao longo de horas do dia ou da noite. Isso não é normal. A respiração mais saudável acontece quando você a prolonga, movendo o diafragma para cima e para baixo e liberando o máximo de ar possível antes de uma nova inspiração. Você raramente executa exalações completas; experimente. É como usar uma pequena parte da capacidade pulmonar para obter menos fazendo mais. Pense que, a cada expiração, mais de três mil e quinhentas substâncias (incluindo poluentes como pesticidas, gases e produtos químicos como os liberados pelos motores dos automóveis) são expelidas. Se você não expelir todo o ar, essas toxinas permanecem nos pulmões e se decompõem, o que pode causar infecções, entre outros problemas.

Lembre-se também de que, embora hiperventilar — ou seja, dar ao corpo mais ar do que ele necessita — seja prejudicial à saúde, forçar-se a respirar intensamente por curtos períodos pode ter um efeito terapêutico. Somente quando você altera seu corpo ele poderá voltar ao normal. Encontre instrutores para ensinar o *tummo* ou siga Wim Hof nas redes sociais. Você se tornará o piloto do seu sistema nervoso autônomo, aprendendo a administrar melhor seus momentos de estresse e ansiedade. Finalmente, a respiração perfeita envolve inspirar por 5,5 segundos e expirar pelo mesmo período, tudo pelo nariz. São 5,5 litros de ar por minuto. Se você fizer isso apenas por alguns minutos diários, embora possa fazê-lo por horas, logo verá seus efeitos positivos.

Com um pouco de tempo e esforço, sem dinheiro ou tecnologia, você pode, onde quer que esteja e sempre que precisar, **respirar mais devagar, respirar menos e pelo nariz, seguido de uma expiração bem longa**. Se você cuida do corpo com exercícios físicos, e talvez da sua mente com a meditação, por que não cuidar da sua capacidade pulmonar? Este é seu melhor indicador de expectativa de vida.

Exercício
Respiratório

Quero ajudá-lo a aprender a sentir, a sentir a si mesmo. Sentir ***mais*** requer aprender a identificar e dar nome às sensações do corpo. Sentir-se mais fortalece as redes envolvidas na sua inteligência sensorial e no córtex pré-frontal medial, comprometidos na orquestração das respostas emocionais e estados de alerta, ambos necessários para o correto desenvolvimento dos seus comportamentos.

Como está a sua respiração?

Feche os olhos e concentre sua atenção na respiração sem mudar nada do que está acontecendo. Desafio você a tentar descrever com as seguintes palavras como está sua respiração neste momento (use outra palavra — ou palavras — se necessário ou relevante):

Registre o estado da sua velocidade respiratória na escala a seguir.

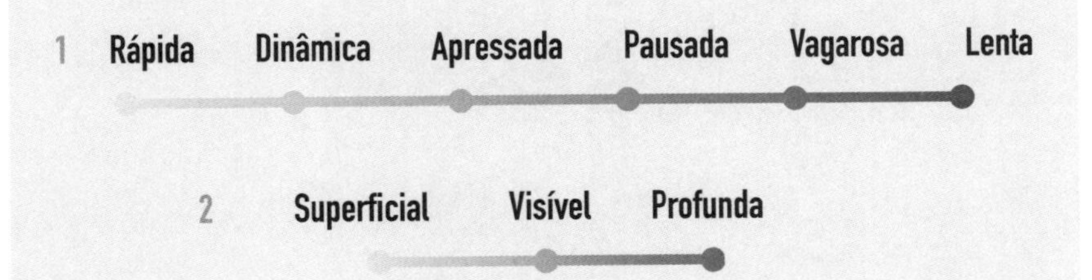

Essa atenção focada em uma sensação traz à consciência aspectos não cognitivos da sua experiência. Prestar atenção a essa sensação o traz mais plenamente ao momento presente. E, quanto mais você aprende a se sentir, menos frequentemente age de maneira inconsciente, reagindo apenas com sua emoção.

Após entender como seus estados **energéticos** cotidianos e a maneira como você **respira** impactam suas sensações corporais, estudando **onde** essas sensações ocorrem e como são afetadas pelos diferentes níveis de **tensão**, seguiremos com a abordagem da penúltima característica de uma sensação: a **temperatura**. Aproveitarei para falar sobre um dos temas mais modernos da ciência nos últimos anos: seu intestino, seu segundo cérebro.

CAPÍTULO 6
TEMPERATURA

A maior vitória é aquela conquistada sobre si mesmo.

FILOSOFIA ZEN

Minha temperatura

O bom julgamento requer a habilidade de ouvir atentamente o que seu corpo diz.
JOHN COATES

Sentir a **temperatura** característica de uma sensação é simplesmente comparar, em diferentes áreas do seu corpo, quais delas parecem mais frias, mais mornas, mais quentes. É muito fácil sentir áreas mais quentes após exercícios físicos prolongados, ou áreas mais frias quando partes do corpo ficam expostas, sem roupa, a baixas temperaturas no inverno. Minha proposta é desafiar você: seja qual for a **temperatura** do local e a forma como se veste, sinta as variações de temperatura mais sutis em diferentes partes do seu corpo. Com essa prática você também será capaz de reconhecer diferentes temperaturas dentro do corpo, não apenas na sua pele. Meu trapézio tenso também parecia quente.

Minha última experiência com temperaturas nada sutis aconteceu durante a utilização do método de exposição ao frio de Wim Hof (descubra como aplicá-lo em www.wimhofmethod.com). Pesquisas de cientistas renomados demonstraram repetidamente os vários benefícios desse método na promoção de uma resposta imunológica mais forte e na capacidade de ativação voluntária do sistema nervoso autônomo, o que durante muito tempo foi considerado cientificamente impossível. Outros cientistas demonstraram que a terapia fria acelera o metabolismo, reduz inflamações, inchaços e dores musculares. Por isso, muitos atletas utilizam banhos de gelo ou outros tipos de exposição ao frio como forma de acelerar sua recuperação após o exercício físico. Além disso, essa terapia também está relacionada com uma melhor qualidade do sono e mais concentração.

É importante notar que cada corpo é diferente e, por isso, responde de maneira diferenciada a variados tipos de tratamento e intervenções. Se você teve ou tem um problema médico sério ou específico, é sempre recomendável que fale primeiro com um profissional de saúde antes de expor seu corpo a essa terapia. No meu caso, esse foi um meio de demonstrar para mim mesmo o que muitas vezes divulgo, a partir de teorias e evidências científicas: a capacidade da mente de controlar o corpo. Na verdade, mergulhar por três minutos em uma piscina de água gelada com temperatura de três graus foi uma experiência muito reveladora de como posso me preparar, primeiro com meus pensamentos, para depois suportar as intensas sensações de frio por todo o corpo. A partir dessa experiência, hoje enfrento diferentes temperaturas durante as estações do ano, e as do meu próprio corpo, com uma atitude mais observadora e menos "reclamona".

Quente e frio

Para se tornar mais consciente do seu corpo, você pode usar mudanças de temperatura para comparar duas regiões entre si e perceber o quanto elas são diferentes. Encha dois recipientes, um com água quente e outro com água fria. Coloque uma mão em cada recipiente. Depois de manter as mãos submersas por 1-2 minutos, remova-as e coloque-as à sua frente, com as palmas para cima. Sinta cada uma das suas palmas, percebendo as sensações. Observe diferenças na sensação entre a mão esquerda e a direita. Mantenha sua atenção assim por alguns momentos.

Segundo cérebro

Somente agora a ciência começa a compreender os mecanismos que regulam e ajudam corpo e cérebro a se adaptar às rápidas mudanças no ambiente — e que afetam seu estilo de vida. Já se sabe que tais mecanismos não funcionam de forma independente, mas como partes de um todo. Eles regulam o que você come, seu peso, seu sistema imunológico, o desenvolvimento e a saúde do seu cérebro. Além disso, começa a ser elucidado que seu intestino, com os micróbios que nele vivem — sua microbiota — e as moléculas que eles produzem a partir do seu genoma — o microbioma —, constituem um dos maiores componentes desses mecanismos reguladores.

Assim como a revolução copernicana no século XVI mudou nossa compreensão sobre a posição da Terra (e a revolução darwiniana no século XIX, com a Teoria da Evolução, alterou nosso lugar no reino animal), a ciência que estuda o microbioma humano nos obriga a reavaliar nossa posição no planeta. O conceito de temperatura corporal normal varia de pessoa para pessoa, porém, em geral, a temperatura basal média do corpo humano diminuiu desde a década de 1860 por razões desconhecidas.

A investigação mais recente aponta para o recém-mencionado microbioma intestinal como um potencial regulador da temperatura corporal, tanto na saúde como durante infecções potencialmente fatais. Duas pessoas partilham mais de 99% dos seus genomas ao mesmo tempo que podem ter literalmente 0% de sobreposição nas suas bactérias intestinais. Hoje está claro que a interação entre a fauna de bactérias residentes no intestino faz com que a temperatura corporal flutue, e isso poderia explicar a redução da temperatura corporal basal nos últimos 150 anos. As causas dessa variação ainda são desconhecidas. Embora a genética humana não tenha mudado significativamente nos últimos 150 anos, as alterações na dieta, na higiene e os antibióticos tiveram efeitos profundos nas bactérias intestinais. Apesar disso, muitos pesquisadores e médicos continuam a considerar o sistema digestivo algo completamente independente do cérebro.

Hoje sabemos que esses dois órgãos estão muito conectados: o conhecido eixo cérebro-intestino. Por exemplo, você certamente sabe que seus neurônios emitem descargas elétricas em diferentes ritmos ou frequências de onda. Essas ondas representam a atividade elétrica produzida pelo cérebro, que pode ser detectada em um eletroencefalograma. Existem cinco tipos de ondas cerebrais identificadas de acordo com sua frequência: ondas *delta*, com frequências entre 1 e 3 Hertz (Hz); ondas *teta*, com frequências entre 3,1 e 7,9 Hz; ondas *alfa*, com frequências entre 8 e 13 Hz; ondas *beta*, com frequências entre 14 e 29 Hz; e ondas *gama*, com frequências entre 30 e 100 Hz. Tais frequências permitem que os neurônios se comuniquem e processem informações.

Durante anos, manteve-se uma grande questão: como os neurônios conseguem coordenar-se entre si para emitir esses pulsos ao mesmo tempo? Era natural que procurassem por esse "marca-passo" dentro do cérebro, mas, graças ao avanço dos estudos e ao entendimento da interocepção em todo o corpo, os pesquisadores começaram a procurar em outro lugar. O estômago também emite eletricidade ritmicamente; esse processo é conhecido como campo elétrico gástrico, que oscila lentamente a 0,05 Hz. Trata-se de um pulso elétrico a cada vinte segundos ou três pulsos por minuto.

Em 2017, a equipe do dr. Tallon-Baudry, da Universidade de Paris, conseguiu observar como os ritmos gástricos estão acoplados aos cerebrais. Numa análise matemática de causalidade, verificaram que o ritmo estomacal seria o marca-passo das oscilações cerebrais alfa. Ou seja, trata-se da influência que o estômago tem sobre o cérebro — e não o contrário. As ondas alfa se originam principalmente no lobo occipital quando você está relaxado, geralmente com os olhos fechados, mas ainda acordado. Essas ondas diminuem quando você adormece, e aceleram quando abre os olhos, se move ou até mesmo pensa intencionalmente.

Seu sistema digestivo é muito mais delicado, complexo e poderoso do que geralmente se supõe. Muitos estudos recentes sugerem que a relação intensa e muito próxima com os micróbios que ali residem poderia, além da temperatura corporal, influenciar as emoções, a sensibilidade à dor, as interações sociais e até orientar algumas das nossas decisões — e não apenas aquelas relacionadas com comida. Como já vimos, o intestino faz parte do sistema nervoso entérico (SNE), frequentemente chamado *de segundo cérebro*. Ele contém entre 50 e 100 milhões de neurônios, o mesmo número que você tem na medula espinhal. Existem mais células de defesa alojadas na parede do intestino do que em circulação no sangue e na medula óssea. Certamente isso ocorre porque agentes letais que você incorpora ao comer podem se manifestar naquele local. Essas células são capazes de identificar e destruir qualquer bactéria que você tenha ingerido com água ou comida. O mais incrível é que elas são capazes de reconhecer um pequeno número de bactérias potencialmente perigosas num oceano de trilhões de outros micróbios que compõem sua microbiota.

Seu intestino é revestido por células endócrinas que contêm mais de vinte tipos de hormônios diferentes, que podem ser liberados na corrente sanguínea se necessário. Além disso, 95% da serotonina que circula pelo corpo é armazenada nessas células endócrinas do intestino. Os 5% restantes estão no cérebro e nas plaquetas. Essa molécula é essencial no eixo cérebro-intestino, permitindo a operação correta de contrações para movimentar os alimentos por todo o sistema digestivo, além de regular o sono, a fome, o humor e o bem-estar geral.

Por sua relação com muitos desses sistemas cerebrais, a serotonina é o alvo da maior classe de antidepressivos: os inibidores seletivos da recaptação da serotonina (ISRS). Quando você tem deficiência de serotonina, por exemplo, devido a estados recorrentes de estresse, isso se reflete em um humor bastante deprimido, que pode ser acompanhado por uma sensação de insatisfação e irritabilidade permanentes. Por isso, a serotonina é conhecida como o "hormônio da felicidade". Para aumentar seus níveis, você pode praticar exercícios físicos regularmente ou lançar mão de técnicas de relaxamento. Mudanças nas atividades, viagens, novos projetos e um descanso saudável ajudam a manter altos níveis de serotonina e até mesmo a aumentar sua produção.

Se retirássemos seus intestinos do corpo e os espalhássemos no espaço, eles se igualariam às dimensões de um campo de futebol. Duzentas vezes maiores que a superfície da sua pele. Mas eles se mantêm superdobrados no corpo, com milhares de sensores que medem a enorme quantidade de informações contidas nos alimentos: doce, salgado, amargo, quente, frio, picante ou suave. Seu intestino está conectado ao cérebro por nervos grossos, que funcionam como canais de comunicação transportadores de informações em ambas as direções. Os hormônios e as moléculas inflamatórias produzidas pelo intestino vão para o cérebro, e os hormônios produzidos pelo cérebro descem com informações para as células musculares lisas, nervos e células imunológicas do intestino, fazendo com que mudem de função quando necessário. Essas moléculas que vão para o cérebro não só carregam informações sobre as sensações do intestino, como "estou satisfeito", náuseas, desconforto e sensação de bem-estar, mas estimulam respostas cerebrais que retornam ao intestino, gerando diferentes reações nele. Essas sensações do intestino (*intuições*) são armazenadas em extensos bancos de dados no cérebro, que pode, a qualquer momento, acessá-los para tomar decisões. Em suma, o que você sente na barriga não afeta apenas as decisões sobre o que vai comer ou beber, mas também sobre com quem quer passar mais tempo ou a maneira como você se apresenta tanto na vida pessoal como na profissional.

Mamãe, encolhi as crianças

Os benefícios derivados da microbiota têm consequências tremendas para sua saúde. As mais estudadas pela ciência até hoje: auxiliar na digestão de alguns componentes dos alimentos que o intestino não consegue digerir sozinho, regular o metabolismo, processar e desintoxicar certas substâncias químicas ingeridas, treinar e equilibrar o sistema imunológico, prevenir invasores e a proliferação de patógenos. Por outro lado, uma grande variedade de doenças está associada ao momento em que sua microbiota e genes são perturbados: síndrome do intestino irritável, diarreia associada a antibióticos, asma e, acredita-se, até mesmo algumas perturbações do espectro do autismo e doenças neurodegenerativas, como a doença de Parkinson. Ano após ano, mais e mais artigos científicos são publicados sobre esses temas.

Você tem cerca de 100 trilhões (o número 1 seguido de 20 zeros) de micróbios vivendo no mundo escuro — e *quase sem oxigênio* — dos seus intestinos. É quase o mesmo número de células em seu corpo, incluindo os glóbulos vermelhos. Isso pode ser lido como: se não contarmos os glóbulos vermelhos, apenas 10% das suas células são humanas. Se juntarmos todos os micróbios do intestino, forma-se um órgão que pesa entre um e três quilos. Semelhante ao peso do seu cérebro. É por isso que alguns chamam a microbiota de "o órgão perdido". Você tem cerca de mil espécies diferentes de bactérias em sua microbiota e, juntas, elas produzem cerca de 7 milhões de genes. Sua microbiota é bem diferente da minha, e as de todas as pessoas são igualmente diferentes entre si. Essa variedade de espécies depende do que você come, da microbiota da sua mãe, dos seus genes, da microbiota das pessoas que moram na sua casa, de sua atividade cerebral e de seus estados mentais.

O *in-destino* da sua comida

Imagine que, no meio de um trânsito infernal, alguém passa por você e raspa o carro no seu. Nesse momento, da mesma forma que o cérebro envia sinais muito claros aos músculos faciais, ele também o faz ao sistema digestivo. E este último responde. Seu estômago, por exemplo, contrai-se vigorosamente. Isso causa a produção de ácido, que atrasa a digestão do seu café da manhã. Ao mesmo tempo, seus intestinos se retorcem e secretam muco e outros sucos específicos. A mesma coisa acontece quando você está ansioso ou chateado. Se você está deprimido, seu intestino quase não se move. Ou seja, **seu intestino imita cada emoção que surge em seu cérebro**.

Essa atividade cerebral também afeta outros órgãos, criando uma resposta coordenada para cada emoção. O estresse acelera seu coração; os músculos dos ombros e do pescoço enrijecem. O oposto acontece quando você está relaxado. No entanto, seu cérebro está ligado ao intestino por uma "fiação" muito extensa e ampla como em nenhum outro órgão. Como sentimos muitas emoções na barriga, as expressões de linguagem também demonstram isso: "Estou com uma pedra na barriga", "com frio na barriga" ou "borboletas na barriga". Seu cérebro, instinto e emoções têm uma conexão única. Atualmente, muitos pacientes que sofrem de anomalias no intestino não sabem — tampouco a maioria dos médicos — que elas se refletem em seus estados emocionais.

Pouco antes de colocar aquele pedaço de bolo ou carne — ou outro alimento que você adora — na boca, seu estômago se enche de ácido clorídrico concentrado. Isso fornece o ambiente altamente ácido necessário para que uma proteína chamada pepsinogênio se transforme em pepsina. Esta última decompõe as proteínas dos alimentos e atua como barreira contra infecções, pois elimina grande parte das bactérias. Quando os pedaços de comida mastigados chegam ao estômago, ele exerce uma força de trituração tão intensa que os quebra em pequenas partículas. Enquanto isso, a vesícula biliar e o pâncreas foram informados pelo cérebro e preparam o intestino delgado para fazer seu trabalho. Eles injetam bile para destruir gorduras e uma variedade de outras enzimas digestivas. Quando as partículas de alimentos passam, elas vão sendo decompostas em nutrientes que o intestino absorve e transfere para o resto do corpo.

À medida que a digestão ocorre, os músculos das paredes do intestino executam diferentes padrões de contração muscular chamados de peristaltismo. Isso permite que os alimentos sejam empurrados para o trato digestivo. A força, duração e direção do peristaltismo dependem do tipo de alimento e fornecem ao intestino tempo para absorver mais gorduras e carboidratos — e menos açúcar de, por exemplo, um refrigerante. Paralelamente, o intestino grosso gera poderosas ondas contráteis para mover as partículas decompostas para a frente e para trás e, assim, ser capaz de absorver 90% de água. Finalmente, outra grande onda de contração move tudo isso em direção ao reto, o que nos faz ficar com vontade de ir ao banheiro.

Entre as refeições ocorrem outros movimentos causados pelo *complexo motor migratório,* limpando tudo que o estômago não conseguiu dissolver ou decompor, além de alguns medicamentos ou pedaços de nozes não mastigadas. Essa onda se move a cada noventa minutos do esôfago para o reto, varrendo também micróbios indesejados do intestino delgado para o cólon. Ao contrário do reflexo peristáltico, essa onda funciona apenas quando não há comida para digerir, por exemplo, quando você dorme, e se desliga imediatamente quando colocamos algo na boca.

O incrível é que o intestino faz tudo isso de forma coordenada, e sem a ajuda do cérebro ou medula espinhal. Não que os músculos saibam executar esse processo, mas ele acontece graças ao seu sistema nervoso entérico, ou seja, seu segundo cérebro, essa rede incrível que acabei de descrever, com cerca de 100 milhões de células nervosas no intestino, do esôfago ao reto. Como acabamos de ver, o segundo cérebro tem uma relação muito íntima com o sistema límbico — ou cérebro emocional. Por exemplo, quando você está comendo um pedaço de bolo, se começar a discutir com um amigo, o sistema de moagem de alimentos do estômago desliga e inicia contrações espásticas, impedindo que ele se esvazie corretamente. Ou seja, seus músculos ficam tensos e rígidos. Então, metade do bolo ficará na sua barriga. Quando chegar em casa e se deitar na cama, você terá dificuldade em adormecer porque o pedaço de bolo ainda estará lá. Além disso, o complexo motor migratório não se ativará e sua barriga não será limpa durante aquela noite. É muito lógico que você se pergunte: a comida ou a pessoa com quem estive "não me caíram bem"?

Numa experiência icônica da década de 1960, Thomas Almy conduziu uma série de entrevistas carregadas de emoção com pessoas *saudáveis* e pacientes com síndrome do intestino irritável. Essa síndrome é um distúrbio comum que afeta o estômago e os intestinos. Alguns dos sintomas são: cólicas, dor e inchaço abdominal, gases e diarreia ou prisão de ventre, ou ambos. Simultaneamente, Almy monitorou a atividade do cólon dessas pessoas. Quando reagiam com hostilidade e agressão, o cólon se contraía muito rapidamente, ao passo que, se se sentissem desesperadas ou se reprimissem, seu cólon se contraía mais lentamente. Isso ocorreu tanto em pacientes quanto em pessoas saudáveis. Mais tarde, outros estudos confirmaram esses resultados e foi descoberto que a atividade do cólon aumentava muito mais quando os tópicos discutidos eram relevantes para as pessoas.

Exercício

Protegido pela desconexão

Se você passa por um estado de sobrevivência, ou seja, está imobilizado e se sente abatido, você chegou ao seu último recurso. Quando tudo mais falha, o sistema nervoso "desliga". Seu colapso o resgata da experiência avassaladora de lutar e fugir e oferece proteção a você, mas por meio da desconexão. **Identifique algumas de suas preocupações diárias.** Descubra do que seu sistema de desconexão está protegendo você.

"Se não fosse ______________________________ (pensamento, emoção ou comportamento que está experimentando), então ______________________________ (o dano que poderia ter)."

Agora, inverta o processo identificando suas esperanças e expectativas, descobrindo do que seu sistema de sobrevivência de imobilização está privando você.

"Se não fosse ______________________________ (pensamento, emoção ou comportamento), então ______________ ______________________________ (experiência positiva que poderia ter no lugar)."

Como sua capacidade de pensar e refletir está presa a um estado de imobilização, fica difícil explorar quando seu corpo entra nesse modo de conservação. Reflita sobre essas questões, mas comece a se desconectar.

Programação emocional

Hoje a ciência sabe muito sobre como as emoções afetam o corpo, incluindo os intestinos. Os circuitos neurais primitivos específicos para suas emoções visam ajustar o corpo para responder com eficiência às mudanças externas e internas. Quando confrontados com uma ameaça, esses circuitos enviam sinais ao trato intestinal e ao estômago para esvaziá-los e para que você possa usar essa energia extra para lidar com a situação. É por isso que, provavelmente, você precisa ir ao banheiro antes de um evento importante. Seus sistemas nervoso e cardiovascular redirecionarão as células ricas em oxigênio do intestino para os músculos, retardando a digestão e preparando-o para lutar ou fugir.

Após um longo trabalho pesquisando animais e emoções, o prestigiado neurocientista Jaak Panksepp afirmou a existência de, ao menos, sete programas operacionais em nosso cérebro. Isso faz com que seu corpo responda ao medo, à raiva, à tristeza, à comédia, à luxúria, ao amor e ao carinho materno. Os programas operacionais, de acordo com Panksepp, executam adequadamente uma série de respostas do corpo de forma rápida e automática, mesmo quando você não está ciente de que sente essas emoções. Eles fazem seu rosto corar quando está envergonhado, te dão arrepios ao assistir um filme de terror, fazem seu coração bater mais rápido quando se depara com uma situação ameaçadora, e deixam seu intestino mais sensível quando você está preocupado.

Tais programas estariam escritos em seus genes, e você os herdaria dos pais, além de receber a influência de suas experiências nos primeiros anos de vida. Por exemplo, talvez você tenha herdado genes que o predispõem a reagir intensamente quando sente medo ou raiva em situações estressantes. Mas, se também passou por experiências traumáticas quando criança, como vimos nos capítulos anteriores, seu corpo adicionará uma espécie de marcador químico aos genes de resposta ao estresse. Isso é conhecido como epigenética. Ou seja, são alterações (marcas químicas) que ativam ou desativam seus genes sem alterar a sequência do DNA, devido à sua exposição a fatores ambientais como situações de vida, dieta, exercícios, medicamentos e exposição a produtos químicos. Essas alterações epigenéticas podem modificar o risco de certas doenças e, às vezes, são transmitidas de pais para filhos.

Tudo isso explica por que duas pessoas expostas às mesmas situações estressantes podem reagir de maneiras muito diferentes. Enquanto uma não sente nada no intestino, a outra poderá sentir náuseas, cólicas estomacais e diarreia. Se esses programas descritos por Panksepp existem, sem dúvida são muito eficientes à nossa sobrevivência em um mundo perigoso, mas podem ser algo negativo ou irritante para você que experimenta um mundo seguro e protegido.

No entanto, uma vez ativados, esses programas motores emocionais podem permanecer ativos por horas e, às vezes, anos. Isso explica por que, quando você se alimenta e se sente relaxado, continua mantendo reações desagradáveis no intestino. Seus pensamentos, memórias de eventos passados e expectativas em relação ao futuro influenciam as atividades do eixo cérebro-intestino e, como resultado, poderão prejudicá-lo.

Por exemplo, se você voltar a jantar naquele restaurante onde discutiu com o parceiro há muito tempo, suas memórias poderão ativar seu sistema operacional de raiva, mesmo que naquele momento você esteja relaxado e se divertindo. A culpa não é da comida, mas, talvez, do conjunto de memórias inconscientes que perturbam seu estômago. Se você começar a prestar atenção nos fatos que podem desencadear suas reações e sintomas intestinais, perceberá o poder das conexões entre seu cérebro e intestinos. Convido você a refletir sobre isso, e a pesquisar seus arquivos mentais na próxima vez que sentir esses sintomas.

Exercício
Intestinos, *we have a problem*

Num dia em que não esteja muito distraído, concentre sua atenção, de manhã até à noite, nas sensações que seu intestino produz durante o dia. Sugiro que você as anote (ou grave com seu celular) e acrescente informações sobre as horas do dia em que elas aconteceram: o que você estava fazendo, com quem, como se sentiu emocionalmente etc. É normal dizer "minha barriga está fazendo barulho". Nesse preciso momento, sinta os movimentos, os níveis de tensão-distensão, a temperatura e ainda, se puder, sinta como está respirando e, principalmente, o que estava comendo.

Sensado

Seu intestino gera muitas informações interoceptivas que contribuem para sua inteligência sensorial. As únicas sensações intestinais que você certamente *sensará* e prestará atenção são as que o avisam sobre sentir fome, sede, saciedade ou vontade de ir ao banheiro. Em geral, você não tem consciência da maioria das sensações que experimenta até que ocorra algum desastre, como dor de barriga, náusea, azia, envenenamento ou o famoso vírus gastrointestinal. Essas sensações são relevantes porque nos alertam para um pedido de ajuda e, muitas vezes, nos lembram sobre as causas que geraram essas sensações desagradáveis para que possamos tentar evitá-las na próxima vez.

Como você vê, e tenho certeza de que também o sente, o sistema de sensores em seus intestinos é ultrassensível. Por isso ele é muito vulnerável — por exemplo, a reações a alguns componentes dos alimentos ou à hipersensibilidade a aditivos ou a certos alimentos que, talvez para a maioria das pessoas, sejam toleráveis e sem quaisquer sintomas. Apesar disso, **estima-se que 90% das informações sensoriais obtidas pelo intestino nunca afloram à consciência. É fácil ignorá-las, mas seu sistema nervoso entérico dedica cada segundo do dia para verificar o que está acontecendo por ali. Muitas dessas sensações são gerenciadas pelo pequeno cérebro do intestino, que supervisiona o funcionamento adequado.**

Como vimos, esse segundo cérebro pode cuidar da maioria de suas funções sem interferência ou ingerência do primeiro cérebro, aquele que está na sua cabeça. No entanto, parece que o cérebro depende muito das informações enviadas pelo intestino. Essa informação interoceptiva levada ao cérebro é tudo o que ele precisa saber para direcionar os padrões de contração intestinal adequados. Ou seja, a força e a direção do peristaltismo, acelerar ou desacelerar o trânsito dos alimentos do estômago para o intestino e produzir concentrações adequadas de bile e ácido para garantir uma boa digestão.

Seu segundo cérebro sensa a presença, a quantidade e o tipo de alimento, o tamanho e a consistência do que você engoliu, a química dos alimentos moídos, a presença e a atividade da sua microbiota. Em caso de emergência, detecta vírus, parasitas, bactérias patogênicas e outras toxinas, além de direcionar a resposta inflamatória quando necessário. Faz tudo isso sem produzir sensações conscientes. Ou seja, quando você sente a barriga, experimenta isso com a cabeça graças às informações enviadas pelo seu segundo cérebro. Resumindo, 24 horas por dia, 365 dias por ano, seu cérebro, intestinos e sistema nervoso estão em constante comunicação. Essas redes de comunicação são fundamentais para nossa saúde geral, e, com o avanço das pesquisas, tudo indica que sejam de extrema importância para afirmarmos "como nos sentimos neste momento" muito mais do que podemos imaginar.

Consciência intestinal

Então, seu segundo cérebro precisa de informações do intestino para gerar uma resposta digestiva ideal e, se necessário, eliminar toxinas. Esse relatório contém a especificação do tamanho, concentração, consistência e compostos químicos dos alimentos. Se, por exemplo, ele recebe informações sobre um alto teor de gordura, retardará o trânsito intestinal, mas, se o conteúdo for baixo em calorias, irá acelerar sua passagem pelo estômago para que você possa absorver a maior quantidade dessas poucas calorias. Se ele receber dados de um corpo estranho, estimulará a secreção de água, a mudança de direção do peristaltismo para esvaziar o estômago, e acelerará o trânsito no intestino delgado e grosso para eliminá-lo o mais rápido possível.

No entanto, seu primeiro cérebro, localizado na cabeça, está mais preocupado com seu bem-estar e saúde geral, e por isso verifica outras informações do intestino e as integra com muitos sinais interoceptivos que recebe do restante dos órgãos e sinais proprioceptivos e exteroceptivos do meio ambiente. Ele monitora o que acontece no sistema nervoso entérico e como seus intestinos reagem, como refletem suas emoções, as contrações do estômago e cólon quando você está com raiva ou nervoso, ou com ausência de atividade intestinal quando se sente deprimido ou deprimido. Seu cérebro observa a peça se desenrolar no palco, em seus intestinos. Certamente, ele também recebe dados de sua microbiota e de algum aspecto do eixo cérebro-intestino registrado nos últimos anos. Apesar de monitorar as sensações que vêm do intestino, ele delega toda a responsabilidade ao seu segundo cérebro. Ele só entra em ação se isso for exigido por você, ou quando a situação representa uma ameaça que justifique uma resposta cerebral.

O papel mais importante na comunicação das sensações do intestino com o cérebro é assumido pelo famoso nervo vago; o mesmo acontece com os sinais produzidos pela sua microbiota. Num estudo com roedores, no qual os efeitos das bactérias nos intestinos e comportamentos emocionais foram demonstrados, detectou-se o desaparecimento desses efeitos quando o nervo vago era cortado. Em outra série de experimentos, com estimulação farmacológica ou elétrica do nervo vago, foi encontrada uma nova forma de estimular sensações no intestino, com potencial terapêutico para o tratamento de distúrbios cerebrais (depressão, epilepsia e até mesmo obesidade, dores crônicas e artrite).

Experiências infantis adversas e o intestino

Durante muitos anos, a intuição do mundo científico relacionou e conectou uma ampla gama de eventos traumáticos durante a infância com resultados negativos para a saúde na idade adulta. Mas nos últimos trinta anos a ciência desvendou os mecanismos biológicos responsáveis por essa ligação. Além disso, foram desenvolvidas terapias para reverter os efeitos prejudiciais dessa programação inicial. Esse "novo" conhecimento científico não apenas é surpreendente, mas tem implicações de longo alcance à saúde. Se mais profissionais de saúde estivessem conscientes dessas ligações — e dedicassem algum tempo para perguntar aos seus pacientes sobre sua infância#—, poderiam descobrir fatores de risco importantes e possivelmente até conceber planos de tratamento mais integrativos e eficazes para ajudá-los.

Na verdade, a ciência tem fortes evidências de que as experiências estressantes nos primeiros anos de vida, incluindo, por exemplo, uma interação difícil com os pais, deixam marcas duradouras no cérebro. Sabe-se também, graças a extensos estudos populacionais, que esses vestígios podem acelerar o desenvolvimento do estresse e de distúrbios sensíveis como depressão e ansiedade, e do já estudado desequilíbrio do sistema nervoso autônomo, que monitora a segurança (ou a falta dela) do seu ambiente. Possivelmente as dificuldades na infância sejam a razão de algumas dores gastrointestinais, como a síndrome do intestino irritável. Para desenvolver novas terapias destinadas a reverter essa programação inicial, precisamos compreender como as experiências alimentares alteram seus circuitos neurais quando você se depara com situações estressantes.

Esse conhecimento seria obtido somente a partir de estudos com animais com adversidades precoces na vida. Até o momento, uma grande quantidade de evidências científicas foi acumulada com animais que confirmaram sua estreita relação com mães bem cuidadas desde cedo e com aquelas que não o foram. Este último grupo de mães estressadas pisoteia seus filhotes, não os amamenta o suficiente e os lambe menos. Algumas ficam tão estressadas que matam e depois comem seus cachorrinhos. Ainda mais notável que os consistentes efeitos negativos do estresse materno no comportamento com os filhotes foi a compreensão dos mecanismos biológicos subjacentes a essas mudanças comportamentais. Estudos com camundongos afetados por suas mães revelaram importantes alterações estruturais e moleculares em seus cérebros. Circuitos e conexões cerebrais se desenvolvem de maneira diferente, a depender do comportamento materno. Alguns estudos em humanos com síndrome do intestino irritável sugerem que até 60% desses pacientes relatam situações estressantes em idade precoce — o que anteriormente chamamos de experiências adversas na infância —, enquanto em pessoas saudáveis esse percentual chega apenas a 40%.

A neurocientista Rachel Yehuda estudou como os filhos adultos de sobreviventes do Holocausto, que cresceram sem a experiência de trauma, correm maior risco de desenvolver distúrbios psiquiátricos, como depressão, ansiedade e síndrome de estresse pós-traumático. O mesmo acontece com filhos de pessoas que se salvaram do World Trade Center em 11 de setembro de 2001. Esse fenômeno é conhecido como "transmissão racional intergeracional" de estresse e adversidade.

Hoje a ciência apoia consistentemente nossas primeiras experiências como fortalecedoras da sensibilidade do cérebro ao estresse, e que esses programas podem ser transmitidos às gerações futuras, perpetuando inúmeras variedades de distúrbios cerebrais. O mesmo efeito é estudado no feto. O nível de estresse vivenciado pela mãe pode alterar a suscetibilidade dos filhos ao estresse, doenças intestinais, transtornos de ansiedade e depressão. Eu mesmo sofro de desconforto gastrointestinal há anos, e me lembro de meu pai sofrendo do mesmo sintoma. Meu irmão passa pela mesma situação. O meu avô Bachrach escapou da Segunda Guerra Mundial, deixando sua família na Alemanha, e que mais tarde seria assassinada em campos de concentração. O pai dele, meu bisavô Grigori, escapou da Revolução Russa em 1917, viajando da Lituânia para a Alemanha. Com base na forma como a ciência das interações cérebro-intestino evoluiu, é bastante provável que minhas primeiras experiências tenham desempenhado um papel no desenvolvimento dos meus sintomas, ou que eu tenha recebido uma espécie de "transmissão racional entre gerações".

Tudo isso me fez pensar: *se tudo já foi programado nos meus primeiros anos de vida, e se meu histórico familiar torna ainda mais provável que eu sofra desses sintomas, isso significa que terei de conviver com a dor durante os próximos anos, pelo resto da vida?*

A má notícia é que meu eixo cérebro-intestino foi realmente programado para toda a minha vida. Mas a boa notícia é: tenho um córtex pré-frontal que me capacita a substituir certas funções de circuitos cerebrais alterados e ao aprendizado de novos comportamentos.

Micróbios calmantes

No Canadá, o dr. Premysl Bercik tratou um grupo de ratos durante uma semana com um coquetel composto por três antibióticos de amplo espectro. Ele monitorou a composição da microbiota intestinal desses camundongos e seu comportamento antes, durante e após o tratamento com antibióticos. O tratamento alterou profundamente a composição das espécies de micróbios intestinais, aumentando as populações de alguns grupos e diminuindo as de outros. Os ratos tratados com antibióticos apresentaram um comportamento mais exploratório. Esse tipo de comportamento é usado como indicador de que os animais estão mais ansiosos ou, como dizem os cientistas, "comportamentos semelhantes aos da ansiedade". Duas semanas após o final do tratamento com antibióticos nos ratos, o comportamento e a microbiota intestinal regressaram ao estado normal. Tal fato sugere que as alterações observadas no comportamento emocional dos animais e as induzidas pelos antibióticos na microbiota intestinal estão relacionadas.

O agente de comunicação entre os micróbios intestinais e o cérebro é o tão mencionado nervo vago. Na verdade, os ratos cujo nervo vago foi cortado não permaneceram ansiosos, apesar de o antibiótico ter suprimido seus micróbios. Concluindo, é possível que os micróbios intestinais produzam um suprimento constante de substâncias redutoras da ansiedade, e que obtêm isso transmitindo sinais ao cérebro através do nervo vago.

Em outra série de experimentos em humanos, Kirsten Tillisch utilizou um estudo duplo-cego (nem o examinado, nem o examinador sabem o que está sendo utilizado) com três grupos de voluntários designados aleatoriamente, duas vezes ao dia por quatro semanas. No primeiro grupo, os voluntários tomaram iogurte com probióticos; no segundo, iogurte sem probióticos (placebo) e o terceiro não ingeriu iogurte. No início e final do estudo, eles foram questionados sobre seu bem-estar geral, humor, nível de ansiedade e hábitos intestinais. Tillisch escaneou os cérebros dos voluntários dos três grupos para avaliar sua capacidade de reconhecer as emoções de outras pessoas a partir de suas expressões faciais. Os voluntários que receberam a mistura probiótica durante quatro semanas mostraram menos conectividade entre várias regiões do cérebro ao longo da tarefa de reconhecimento de emoções. Esses resultados apontaram, pela primeira vez, que a manipulação da microbiota intestinal pode alterar de forma mensurável a função cerebral — ao menos durante uma tarefa relacionada à emoção.

Eu tenho um pressentimento

Algumas decisões que você toma na vida são baseadas na lógica, produto de uma consideração reflexiva e cuidadosa. Outras você toma sem qualquer análise real. Muitas vezes, esses dois tipos de decisões são tomadas sem que você esteja consciente. Decidir o que comer, qual roupa vestir ou a qual filme assistir. A ideia de que você pode tomar decisões sobre o que é melhor para você com base na sua intuição, em *palpites* ou *no que minhas entranhas me dizem,* em oposição ao pensamento racional, é fundamental para sua condição de ser humano. Segundo Daniel Kahneman, vencedor do Prêmio Nobel de Economia em 2002, as decisões intuitivas são "o autor secreto de muitas escolhas e julgamentos". Decisões baseadas no instinto são semelhantes. Não parece importante o tipo de decisão que você toma: pessoal ou profissional, com quem vai se casar ou em qual faculdade irá estudar. Se for importante, você certamente ouvirá *seu* instinto ou, digamos assim, seus instintos. Lembre-se de que o *sentir* era originalmente usado para descrever a *audição.*

No entanto, seus instintos e intuições podem ser avaliados como lados opostos da mesma moeda. A intuição é sua capacidade de percepção rápida. Muitas vezes, você *conhece e entende* as coisas instantaneamente, sem pensar racionalmente ou inferir nada. Você *se dá conta* quando algo é suspeito; ou, ainda, poderá sentir uma conexão pessoal instantânea com um desconhecido. Algumas vezes, tenho a certeza de que um político carismático que aparece na televisão mente descaradamente. As sensações viscerais refletem outra coisa. Você acessa seu corpo sábio de vez em quando, e confia nele mais do que nos conselhos recebidos de familiares, consultores ou outros especialistas.

Então, o que é exatamente um **pressentimento**? Qual é a sua origem biológica?

Trata-se de um processo neurobiológico complexo. **Seu cérebro constrói sensações viscerais subjetivas, provenientes da grande quantidade de informações recebidas de seus sentidos interoceptivos.** Esse é mais um motivo para fortalecer o ato de *sensar* seus sentidos interoceptivos para o desenvolvimento da sua inteligência sensorial. Isso acontece 24 horas por dia, 7 dias por semana. É a base da sua experiência subjetiva, de como você se sente naquele momento; ao acordar, após uma refeição ou durante um longo jejum.

Como vimos, cada vez mais surgem evidências sugerindo que a informação interoceptiva constante do intestino, incluindo sua microbiota intestinal, desempenha um papel crucial na geração dessas sensações viscerais que influenciam suas emoções.

Saliência

Suas emoções e sensações viscerais são sinais sensoriais conectados ao sistema *saliente do* cérebro. Chamamos de saliência quando algo no ambiente capta e prende sua atenção por ser importante ou muito perceptível, algo que se destaca. O gato do vizinho que acaba de entrar no meu quarto, miando, enquanto digito chama minha atenção mais do que o conteúdo do que escrevo. Principalmente porque existe a ameaça potencial de ele subir na mesa e derramar café em mim. A tempestade que cai do lado de fora da minha janela poderia ter uma importância semelhante e se tornar igualmente eficaz para desviar minha atenção do que quero escrever. Mas ouvir Sting ao fundo, em volume baixo, pode passar despercebido. Esse sistema avalia a relevância de qualquer sinal (independentemente de sua origem, seja do seu corpo ou do ambiente) a ponto de ser captado por seus processos de atenção e sua consciência.

Eventos altamente relevantes relacionados às suas sensações intestinais, incluindo náuseas, vômitos e diarreia, são frequentemente acompanhados por emoções de desconforto e às vezes de dor, alertando você de que algo importante está acontecendo, e que requer sua atenção e uma resposta ou um comportamento específico. Existem também as sensações intestinais de prazer que se relacionam com um estado completamente relaxado, como sentir-se bem e saciado após uma boa refeição, ou a sensação de calma experimentada na boca do estômago.

Em suma, o limite de sua avaliação de algo como saliente ou destacado é influenciado pelos seus genes, qualidade e natureza das primeiras experiências de vida, seu estado emocional atual (quanto mais ansioso você estiver, menor o limite de saliência), sua capacidade de prestar atenção às sensações corporais (inteligência sensorial) e suas inúmeras lembranças de momentos com emoções intensas ao longo da vida. Mas, quando se trata de sinais originados no sistema digestivo, na maioria das vezes, o sistema de saliência opera abaixo do nível de consciência. Trilhões de sinais sensoriais emergem do intestino todos os dias e são processados nessa rede cerebral, mas a maioria deles não chama a sua atenção.

Assim, os sinais provenientes do intestino e do seu microbioma, incluindo químicos, imunológicos e mecânicos, são codificados por uma vasta gama de receptores na parede intestinal e enviados para o cérebro através dos nervos, particularmente do nervo vago, e da corrente sanguínea. Em seu formato original, essa informação é recebida pela ínsula. Em seguida, é processada e integrada a muitos outros sistemas cerebrais. Você toma consciência de uma pequena parte dessa informação apenas quando sente diferentes sensações viscerais, agradáveis ou mais ou menos desagradáveis.

Mas, mesmo que tenham origem no intestino, essas sensações são criadas através da integração de muitas outras influências, como sua memória e maneira de pensar, sua atenção e estado emocional no momento.

Exercício
De temperatura

Quero ajudá-lo a aprender a sentir e a sentir a si mesmo. Sentir ***mais*** requer aprender a identificar e dar nome às sensações do seu corpo. Sentir-se mais fortalece as redes envolvidas em sua inteligência sensorial e no córtex pré-frontal medial, envolvidas na orquestração de suas respostas emocionais e estados de alerta, ambos necessários ao correto desdobramento dos seus comportamentos.

Com os olhos fechados, examine seu corpo da cabeça aos pés, prestando mais atenção aos seguintes locais: **pés, panturrilhas, coxas, quadris, nádegas, abdômen, tórax, braços, mãos, pescoço, mandíbula, olhos, testa e o topo da cabeça.** Reserve cerca de 30-60 segundos em cada lugar para sentir sua **temperatura** colocando em palavras o que você sente:

Qual temperatura você sente em cada parte do corpo? Dentro? Fora? Na sua pele?
Registre os estados de temperatura nas seguintes partes do corpo na escala a seguir e posicione-se:

Você pode, se quiser, usar suas próprias palavras.

Quais outros atributos podem descrever seus estados de temperatura neste momento? Faça sua própria escala.

Exercício

Autoconhecimento do seu sistema digestivo – e o que você deveria informar ao seu profissional de saúde

[Exercício do livro *Resetea tus intestinos*, do dr. Facundo Pereyra]

- **A raiz:** quando surgiu seu desconforto digestivo? Começou depois de algum acontecimento? Por exemplo, gravidez, parto, traumas, depressão, cirurgias, gastroenterites, uso de analgésicos, antibióticos, maus hábitos alimentares, mudança de hábitos alimentares.
- **Gatilhos:** quando você está calmo ou de férias, seus sintomas desaparecem ou melhoram? Algum alimento, estresse, ciclos hormonais ou medicamentos pioram os sintomas?
- **Entenda de onde vem o sintoma:** originado no estômago. Náuseas, queimação, azia, refluxo, dificuldade para engolir os alimentos, arrotos, soluços, sensação de saciedade com pouca comida, dor com o estômago vazio, dor na boca do estômago que passa ao comer. Barriga roncando.
- **Com origem no intestino:** inchaço abdominal, gases, dor abdominal. Sintomas mudam ao comer, expelir gases ou evacuar? Diarreia, prisão de ventre. Sangramento. Muco na matéria fecal.
- **Manifestações extradigestivas:** fadiga, dor de cabeça, inchaço, formigamento ou dormência nos membros, dores

nas articulações, nos músculos ou lombares, alergias, erupções cutâneas ou coceira, congestão nasal.

Alguma dessas ocorrências (ou todas) acontece com você?

Não tenho dúvidas de que, dentro de alguns anos, o estudo do eixo cérebro-intestino irá nos fornecer muitas informações sobre sua saúde e, claro, sobre suas potenciais doenças, não apenas ligadas ao desconforto intestinal. Estou convencido de que haverá mudanças nas perspectivas de como estudamos e tratamos diferentes doenças mentais. Para isso, são necessários mais estudos multidisciplinares e abordagens inovadoras sob uma perspectiva mais holística. Imagino que, muito provavelmente, por meio dessas novas terapias ou combinações, consigamos alcançar um grau maior de bem-estar, mais prolongado e mais cedo em nossas vidas.

No próximo capítulo vou falar sobre o movimento das sensações, gestos, posturas, estrutura e de todo o seu corpo. Você está vivo não apenas porque se move, mas porque tudo se move dentro de você. Será a última característica abordada nesta viagem pelas sensações.

CAPÍTULO 7
MOVIMENTO

Os problemas que permanecem persistentemente sem solução devem ser considerados perguntas feitas de maneira incorreta.
FILOSOFIA ZEN

Meu movimento

Essa é a última característica de uma sensação que nos resta estudar. Talvez seja a mais fácil de *sensar*, pois trata dos movimentos ou gestos das mãos, braços ou rosto, a postura do corpo ou a maneira geral como nos movemos na vida. Você pode comparar a firmeza, a velocidade e a relação de cada **movimento** com seu nível de tensão, por exemplo. Pessoalmente, penso que o desafio é você conseguir *sensar* movimentos mais sutis e menos perceptíveis que ocorrem tanto na pele, por exemplo, quando algo provoca coceira, ou mesmo dentro do corpo.

Como vimos ao longo *de ZensorialMente*, tudo se move no seu corpo. Algum órgão, tecido ou víscera, um tremor muscular, como o diafragma que sobe e desce, como o coração ou os ombros que se movem ao digitar no computador. Consegui, através da prática meditativa, gostar de não me coçar quando sentia coceira. Observar como a coceira na minha pele ou couro cabeludo "se move" sem que eu faça nada a respeito. *Sensar* se esse movimento é mais consistente ou leve, rápido ou lento, abrangente ou específico. Há pouco tempo, eu me coçava sem perceber; depois consegui fazer esse movimento de forma consciente e agora, mas nem sempre, consigo observar e *sensar*, ficando sempre surpreso ao ver como aquele pequeno desconforto desaparece após alguns segundos. Ao navegar pelos desconfortos sutis do dia a dia, você fica mais bem preparado para desconfortos mais desafiadores E não me refiro ao movimento da minha mão e braço que coçam a cabeça, mas ao fato de que, quando algo provoca coceira em você, há alguma coisa se movendo por ali. E, conforme aprendemos, embora às vezes isso possa parecer contraintuitivo, esse "algo" é simplesmente energia. Após vários meses trancado em casa, em Buenos Aires, devido à quarentena da pandemia de Covid, minha cunhada Shumi Gauto, sabendo de minhas pesquisas sobre o corpo (e de eu mesmo ser minha primeira cobaia), recomendou que eu entrasse na internet para viver uma experiência com a professora de *5Rhythms* Brenda Cohen. Tudo aconteceu no espaço de duas horas, no qual pude circular livremente pela chamada "onda" de variantes rítmicas e com músicas muito bem selecionadas para a ocasião. Dançar *5Rhythms* permite *sensar*, sentir e acompanhar diferentes sensações em seu corpo. Desde as mais externas, mas, com a prática, até mesmo as mais íntimas. Você observa gestos e formas, sintoniza sua intuição; uma forma física de se expressar criativamente. No meu caso, consegui demonstrar agressividade, vulnerabilidade, ansiedade e todo tipo de emoção, depois me esvaziando delas e sem machucar ninguém ou a mim mesmo. Até aquele encontro, por incrível que pareça, eu usava meu corpo simplesmente como um veículo para carregar minha cabeça. Hoje, posso garantir que o *5Rhythms* também foi, em parte, um dos gatilhos para a escrita deste livro. Primeiro praticando o que queria divulgar, e depois pesquisando em paralelo uma visão científica do que eu fazia. Essa perspectiva científica ainda é tão necessária para você?

De acordo com o site, "*5Rhythms* é uma prática de meditação em movimento desenvolvida por Gabrielle Roth no final dos anos 1970. É baseada em tradições indígenas e globais que usam princípios de filosofia xamânica, extática, mística e oriental. Também se baseia na Gestalt-terapia, no movimento do potencial humano e na psicologia transpessoal". Para essa prática, é fundamental a ideia de que, como você já sabe, tudo é energia, que se move em ondas, padrões e ritmos. Roth, já falecida, disse que a prática é como "uma viagem da alma e que, ao mover o corpo, libertar o coração e a mente, é possível se conectar com a essência da alma, a fonte de inspiração na qual um indivíduo tem possibilidades e potencial ilimitados". Compartilho aqui com vocês um pedaço da minha experiência traduzida em palavras ao realizar um workshop intensivo de três dias sobre essa prática.

Eu danço como se ninguém estivesse me olhando, mas somos cerca de sessenta pessoas, todas desconhecidas, exceto Brenda. Primeiramente, cheio de timidez, começo a dançar o Fluido. Nesse momento, não tenho ideia do que acontecerá nos próximos três dias, mas, antes que eu perceba, uma faixa musical de ritmos latinos toca bem alto. Um convite inofensivo para o movimento. Brenda começa a mostrar o primeiro ritmo. É preciso fluir. Seus movimentos parecem vir diretamente de suas palavras. As partes do corpo querem ser libertadas. Os movimentos são contínuos, não têm arestas. Sinto-me inspirado ao vê-la e então sigo a vontade dos meus pés, tento um giro desconhecido e de repente percebo que tenho quadris. Estou dançando com o peso dos meus músculos e não contra eles. Eu incorporo um novo movimento, e o que importa é que ele seja definitivamente genuíno e divertido.

Os outros dançam à sua maneira, alguns imersos num lugar, outros rodopiando descontroladamente pela sala. Uma espécie de fio imaginário de movimento se estende do calcanhar até a ponta dos dedos. Sinto, talvez pela primeira vez na vida, meus calcanhares duros, rígidos, muito **tensos**. Justamente quando me sinto elegante, o *Estacato* entra primeiro nos meus ouvidos e depois nas solas dos pés, com um baixo de *funk* que agita minha semana. Movo-me com a percussão, movimentos curtos e bruscos, como se empurrasse minhas emoções reprimidas em diferentes formas e sentidos. Olho para os outros e sinto que estão ocupados encontrando seus gestos. Começo uma dança maluca com os cotovelos. Eu tenho cotovelos. Aceito tudo sem palavras até que a música me transporta para *o Caos*, um estado de transe criativo. Minha **temperatura** corporal aumenta exponencialmente, e isso me agrada. Tudo acelera e não há dúvida de que não há necessidade de parar. Então, eu não paro nem equilibro minha **energia**. Agora me sinto criança, me divirto. Admiro meus movimentos únicos, e começo uma dança incrivelmente complexa com outra pessoa que não conheço. Quando chega o *Lírico*, uma leveza permeia as batidas, ainda vibrantes nesse ritmo, e minha **respiração** busca voltar à paz. Com o tempo, a dança muda a maneira como você se relaciona consigo mesmo. Brenda agora faz poucas intervenções, mas seu uso habilidoso da linguagem provoca uma autoexploração extraordinária à medida que se move. Danço a dor da morte da minha mãe e experimento explosões de leveza. A *Quietude* é o ritmo final, pacífico, mas não parado. Estou dando voz ao meu corpo. Mesmo fisicamente exausto, ele ainda quer se mover, mas com fundamento emocional. Algo novo despertou em mim até que gradualmente entro em repouso. Não há **lugar** no meu corpo externo e interno que não tenha sido movido pela experiência. O que há de diferente entre essa experiência e "dançar" em uma pista de boliche? É a onda musical? São as palavras que orientam qual parte do corpo devemos soltar? As pessoas estão em sintonia com você? A solidão do movimento, mas acompanhado de estranhos?

A filosofia por trás *do 5Rhytms* é muito mais profunda e extensa, e o convido, se tiver curiosidade, a explorá-la. Além de me divertir com uma boa música e conhecer meu corpo, coloco-o em movimento e acalmo minha mente. Acalmo minha mente movendo meu corpo. Você já sabe que corpo e mente fazem parte de um todo. *Seu corpo, o mar, e sua mente, as ondas*. Hoje, continuo dançando, me investigando e *sensando* através de muitas outras práticas, como *trekking* nas montanhas, banhos de água fria, Pilates, natação, *snowboard*, vários tipos de ioga — e suas variantes — e algumas técnicas manuais na coluna.

Estou vivo porque me movimento.

> Procure o que dá significado à sua vida. E comece a fazer isso. Um passo de cada vez.
>
> FILOSOFIA ZEN

Radiologistas

Doutor Fidler, da clínica Mayo, deu a dois grupos de radiologistas uma série de 1.582 imagens para inspecionar quais das 459 áreas representavam risco potencial para os pacientes. As pessoas do primeiro grupo fizeram o experimento sentadas, as do segundo enquanto caminhavam em uma esteira a meio quilômetro por hora. Os radiologistas sentados conseguiram identificar 85% das anormalidades nas radiografias, enquanto os que estavam caminhando identificaram 99%. Ao praticar atividade física, sua visão fica mais nítida, principalmente diante de estímulos que aparecem na periferia do seu olhar. **A maneira como você move seu corpo muda a maneira como você pensa.** A ciência pesquisa cada vez mais sobre o tipo de movimento, e sua intensidade (baixa, média ou alta) causa diferentes efeitos em seus pensamentos. David Raichlen, professor de biologia na Califórnia, diz que, ao mesmo tempo que nosso cérebro aumentou de tamanho, nosso nível de atividade aeróbica mudou drasticamente. Existe uma conexão muito estreita entre pensar e se mover.

Exercício
Música de um acorde só

A música pode apresentar um forte efeito no cérebro; e ouvir música com um único acorde é uma forma de reduzir a ativação da amígdala e produzir uma resposta calmante. Esse tipo de música é frequentemente descrito como previsível; a repetição de acordes pode causar sensações de relaxamento.

Aqui estão alguns exemplos de músicas de acorde único:

- "Ever So Lonely", Monsoon
- "American Woman", Lenny Kravitz
- "Church of Anthrax", John Cale e Terry
- "Rilley Jump Into the Fire", Jarry Nilsson
- "The National Anthem", Radiohead
- "One Chord Song", Stoney Larue
- "Whole Lotta Love", Led Zeppelin
- "Walking in Your Footsteps", The Police
- "Seeds", Bruce Springsteen

Caminhante

A verdade é que ninguém sabe por que andamos. Somos a única espécie dos 250 primatas existentes que se move exclusivamente sobre duas pernas. Alguns cientistas acreditam que o bipedalismo é uma característica definidora tão importante do que significa para você ser humano quanto sua capacidade de raciocinar.

Existem diferentes teorias sobre o porquê de nossos ancestrais terem descido das árvores e adotado uma posição ereta: para liberar as mãos e carregar seus filhos e outros objetos; para obter uma visão mais estratégica ou para serem melhores no lançamento de projéteis. O certo é: pagamos o preço por termos permanecido na posição vertical. Caminhar pela África aberta tornou os ancestrais extremamente vulneráveis numa época em que não eram criaturas muito formidáveis. Lucy, a famosa proto-humana, viveu na Etiópia há 3,2 milhões de anos e é frequentemente usada como modelo do bipedalismo inicial. Lucy pesava cerca de trinta quilos e tinha menos de um metro e meio de altura. Seria difícil imaginá-la intimidando um leão ou uma chita. Aparentemente, Lucy morreu após cair de uma árvore, indicando que ela passava algum tempo nas copas das árvores, talvez mais do que no chão. Ou, pelo menos, que esteve no alto por alguns segundos antes de morrer.

De acordo com Daniel Lieberman, professor de Harvard, primeiro nos tornamos caminhantes e escaladores, e depois corredores. E finalmente, gradativamente, caminhantes e corredores, mas não mais escaladores. Correr não é apenas uma forma de locomoção mais rápida do que caminhar, mas é mecanicamente diferente. Por exemplo, Lucy era caminhante e escaladora, mas não tinha físico para corrida. Essa habilidade ocorreu durante uma grande mudança climática que resultou numa África de terras abertas, savanas cobertas de gramíneas, levando nossos ancestrais vegetarianos a ajustar suas dietas e se tornar carnívoros ou, melhor, onívoros.

Essas mudanças no estilo de vida e anatomia foram muito lentas. Os fósseis mostram que nós, hominídeos, andávamos há 6 milhões de anos, mas precisamos de mais 4 milhões para adquirir a capacidade de correr por longos períodos. Essa habilidade era necessária para uma caçada persistente. Depois, levou mais 1,5 milhão de anos para que nossos cérebros pudessem construir lanças; muito tempo de espera por um grande conjunto de capacidades de sobrevivência num mundo hostil e faminto. Isso foi conseguido graças à nossa habilidade de atirar, lançar projéteis. A conquista dessas atividades envolveu três mudanças corporais: uma cintura mais alta e mais móvel para criar torção, ombros mais soltos e manobráveis e um braço mais alto, capaz de lançar pedras em direção a presas ou predadores a uma distância relativamente segura. O arremesso é realizado com todo o corpo, como faz qualquer jogador de beisebol.

O bipedalismo também teve (e tem) consequências nas dores que sentimos nas costas e joelhos. Porém, o mais importante é que, para adotar essa nova posição, a pélvis das mulheres precisou encolher, o que causa dor e por vezes perigo quando nasce um bebê. Até hoje, nenhum outro animal no planeta tem mais chances de morrer durante o parto do que nós, e talvez nenhum sofra tanto.

A crença universal de que você deve caminhar cerca de 10 mil passos por dia não é má ideia, mas não existe uma ciência robusta por trás disso. Sem dúvida, qualquer movimento ou deambulação traz algum benefício, mas atualmente o número mágico de quantos passos ou quilômetros diários você deve dar para melhorar sua saúde ou longevidade é um mito.

Exercício
Natureza

A natureza ativa de forma confiável o seu estado de regulação energética. Ver padrões repetidos em ondas, nuvens, folhas, caracóis e flores traz um rápido retorno ao equilíbrio. Conectar-se com a natureza após um período estressante ajuda você a encontrar o caminho de volta à normalidade. Conecte-se com ela de várias maneiras, por exemplo, caminhando. Você pode retornar aos lugares onde se sente bem e vivo. Caso contrário, tente colocar imagens onde você possa vê-las ou ouvir sons, mesmo que gravados, da natureza.

Melhorar

Você sente, como eu, que sua cabeça, mente e pensamentos funcionam melhor quando está em movimento? Em uma longa caminhada, ou dançando, ou quando faço Pilates, minhas ideias se acomodam e dão mais sentido ao que preciso ou quero resolver no meu dia, na minha vida. Além disso, não apenas penso melhor, mas me sinto mais feliz quando me movimento. A ciência está apenas começando a entender como o movimento do corpo afeta a mente e as emoções.

Aparentemente, você vai passar 70% da vida sentado ou imóvel. As crianças passam 50% do tempo sentadas, em sua grande parte na escola. No entanto, seu cérebro evoluiu não para "pensar", mas para "se afastar" dos perigos e buscar recompensas como comida, abrigo e água. Tudo o que surgiu depois, como sua memória, sentidos, emoções e sua grande capacidade de planejamento, foi posteriormente ajustado para que seus movimentos tivessem melhores informações. **Mover-se é o pilar central da maneira como você pensa e sente.** Se você ficasse completamente imóvel, sua capacidade cognitiva e emocional seria bastante afetada.

Alguns autores relacionam um declínio generalizado nos índices de inteligência racional (QI), maior lacuna nas ideias criativas, mais comportamentos antissociais e muitas doenças mentais ao estilo de vida sedentário cada vez mais prolongado em nossas vidas. Outros estudos mostram como a diminuição da autoestima e dos comportamentos sociais está relacionada às horas que você passa sentado; o mesmo vale para ansiedade e depressão. Mas ainda não está claro se ficar muito tempo sentado contribui para maior depressão ou vice-versa, embora já saibamos que a atividade física ajuda a aliviar alguns sintomas dessas doenças.

Outros estudos mostram que, à medida que envelhecemos, pessoas que passam duas a três horas sentadas no carro ou assistindo televisão perdem a acuidade mental mais rapidamente do que as mais ativas. Além disso, o exercício físico regular reduz os riscos de demência em 28%. Ou seja, nutrir o corpo com movimento é tão essencial quanto a saúde emocional, cognitiva e mental. E, quando se move de certas maneiras *humanas*, você se conecta com a forma como pensa, sente e dá sentido ao mundo em que vive. Dentro de você e ao seu redor.

Quando nosso córtex se expandiu e começamos a nos diferenciar de outros primatas, adquirimos outras formas de pensar, em vidas socialmente complexas, nas quais fazíamos o cálculo de onde buscar comida e como chegar à próxima refeição. Mais tarde, com cérebros ainda maiores, aprendemos a cozinhar e a extrair mais calorias dos alimentos. Isso fez com que o cérebro crescesse novamente, permitindo um planejamento mais preciso, viagens abstratas para o passado e o futuro e a imaginação de objetos e ideias que nunca existiram. Logo, o movimento sempre esteve intimamente relacionado a todos esses avanços evolutivos.

Cerebelo

Há 25 milhões de anos, nossos antepassados estavam prestes a descer das árvores. Eram grandes, pesados e um pouco desajeitados, o que os colocava em risco de cair dos galhos. Alguns milhões de anos depois, com certas modificações nos ombros, ocorreu a braquiação: um tipo de locomoção arbórea em que balançamos o corpo entre os galhos das árvores usando apenas os braços. A braquiação nos diferenciou dos demais macacos, e nos forçou a cumprir uma lista de mudanças corporais que persistem até hoje. Essa nova habilidade envolveu o desenvolvimento de um circuito extracerebral que não apenas contribuiu para a melhoria das capacidades físicas e ginásticas, mas aumentou nossa capacidade de nos exercitar mentalmente. Esse circuito está localizado no cerebelo, uma área que cresceu enormemente ao mesmo tempo que nossos ancestrais começaram a balançar entre as árvores. Esses macacos deram origem a você e a mim. Aos seres humanos.

Hoje, torna-se cada vez mais evidente que a importância do cerebelo para o movimento se estende aos nossos pensamentos e emoções. Na verdade, pesquisas com imagens cerebrais revelam que muitas das novas áreas evoluídas do cerebelo ligam-se ao córtex pré-frontal, responsável por planejar, pensar no futuro e regular as emoções. Além disso, no cerebelo humano há pequenas porções relacionadas a áreas geradoras de movimento. A maior parte do cerebelo é especializada em pensar e sentir. Em teoria, é dito que, quando começamos a braquiar, o movimento interligava-se ao cérebro (por exemplo, ao lidar com o medo da queda de grandes alturas), capacitando-nos a planejar o futuro e a desenvolver o pensamento sequencial, o mesmo que usamos hoje para entender regras de linguagem, contar histórias ou imaginar como podemos ir a Marte e voltar vivos.

Sua capacidade de pensar sequencialmente é extremamente importante para o desenvolvimento de habilidades que exigem não apenas movimentos precisos e controlados, mas sua capacidade de imaginar e criar uma série de ações sequenciais que o permitem atingir objetivos. Na verdade, foi o dr. Dosenbach e sua equipe que encontraram essa conexão. Eles descobriram que algumas áreas cerebrais controladoras de movimentos estão conectadas a redes neurais envolvidas no pensamento, planejamento e controle de funções corporais involuntárias, como a pressão arterial e os batimentos cardíacos. Essa descoberta representa na prática, um vínculo entre corpo e mente na estrutura do próprio cérebro. O dr. Evan M. Gordon explica: "Encontramos o lugar onde a parte mais ativa e orientada para objetivos da mente — *vamos, vamos, vamos!* — se conecta com partes do cérebro que controlam a respiração e o ritmo cardíaco. Se você acalmar um deles, terá efeitos de feedback no outro".

Seu cérebro o ajuda a se comportar com sucesso em seu ambiente, para que possa atingir seus objetivos, mas sem se machucar ou se matar. Você move seu corpo por um motivo. Por isso, parece muito pertinente que suas áreas motoras estejam ligadas às funções executivas e ao controle dos processos corporais básicos, como a pressão arterial ou a dor. Se você faz algo e sente dor, provavelmente irá pensar que nunca mais fará aquilo. Essa rede recém-descoberta (chamada SCAN) foi estudada a partir de dados previamente coletados com nove macacos e em tomografias cerebrais de recém-nascidos e crianças com um e nove anos de idade. A rede não foi detectável nos recém-nascidos, mas ficou evidente nas crianças de um ano e quase desenvolvida nas de nove anos. O mesmo sistema foi observado em macacos, mas com menor intensidade e de maneira mais rudimentar, sem as extensas conexões avaliadas em humanos.

Gordon explica: "É possível que tenha iniciado como um sistema simples de integração do movimento à fisiologia do corpo, por exemplo, para não desmaiarmos quando nos levantamos. Mas, à medida que evoluímos para organismos que pensam e planejam de formas mais complexas, o sistema foi melhorado para incorporar outros elementos cognitivos muito complexos". Esses resultados ajudam a explicar alguns fenômenos, por exemplo, por que você se mexe de um lado para o outro quando está ansioso, ou, ainda, por que as pessoas que se exercitam regularmente têm uma visão mais positiva da vida.

Exercício

Equilíbrio

O cerebelo está ligado à sua coordenação física e ao equilíbrio emocional. Para desenvolver maior equilíbrio emocional diante das mudanças na vida, pratique movimentos que demandem seu equilíbrio físico; ao mesmo tempo, escolha uma situação de vida que exija seu equilíbrio emocional.

Tudo isso se relaciona à imagem que fazemos de nossos antepassados descendo das árvores. Eles certamente mudaram seu estilo de vida. Menos tempo nas árvores e mais tempo caminhando longas distâncias no chão em busca de alimento. Nesse caso, as exigências mentais e físicas atingiram um ponto importante em que as novas formas de se movimentar e pensar se uniram para garantir melhores chances de encontrar comida e sobreviver. Poderíamos dizer que se manter fisicamente ativo demandou nossa capacidade de preservar o cérebro em sua capacidade máxima.

Por outro lado, as pressões evolutivas que permitiram a ligação do movimento ao pensamento são as mesmas que fizeram com que o movimento se tornasse agradável. Isso acontece porque, durante o exercício, as endorfinas aumentam e você não sente tanto impacto. Às vezes elas causam até euforia e nos incentivam a continuar, apesar do cansaço. Se a mente existe para nos ajudar a movimentar, mas não o fazemos, entraremos em risco como espécie cada vez mais sedentária? Nosso cérebro, que criamos com tanto esforço, poderá se tornar algo parecido com nada? Resumindo, diferentes disciplinas, como a biologia evolutiva, a fisiologia e a neurociência, concordam que caminhar muito e correr um pouco fizeram de nós a espécie que somos hoje. E, se você não seguir praticando o suficiente, seu equilíbrio (mental e emocional) estará em risco.

Há décadas sabemos que o exercício físico é a melhor forma de melhorar a saúde do cérebro e as capacidades cognitivas, como a memória e a atenção, e reduzir o risco de depressão e ansiedade. Na África, caçar não era apenas uma tarefa física. A forma como caçávamos, levando em conta nossa reduzida capacidade física, exigia trabalho mental. Seguir rastros, antecipar os movimentos das presas, evitar predadores. Isso exigia trabalho em equipe, compreensão do tempo, atenção e conhecer o caminho de volta para casa. Concluindo, sua base biológica se resume a ficar de pé, mover-se e pensar ao mesmo tempo. Caso contrário, o cérebro reduzirá sua capacidade de economizar energia. Mas, se você parar e se mover, isso estimulará seu estado de alerta e aprendizado. Quase o oposto da educação formal.

Exercício

Pule e pouse

Quero ajudá-lo a aprender a sentir, a sentir a si mesmo.

Se você se sentir estressado, largue tudo e faça uma caminhada rápida por pelo menos 20 minutos. Pule e retorne ao chão várias vezes antes de sair e quando voltar.

I feel good

Sabe-se que o exercício físico desperta os hormônios do "bem-estar". Endorfinas e endocanabinoides. Estes últimos não são gerados depois de caminhar um pouco, mas após ficar quase exausto de correr, praticar esportes, dançar, nadar etc. Essas moléculas desempenham uma variedade de funções no corpo, incluindo o ajuste da resposta à dor, apetite, digestão, sono, humor, empolgação e memória.

No entanto, as endorfinas podem aparecer após uma caminhada rápida de vinte minutos, assim como o não tão conhecido fator neurotrófico derivado do cérebro (BDNF). O BDNF é uma das moléculas mais importantes no controle da sobrevivência, crescimento e diferenciação de certas populações neuronais, tanto no sistema nervoso periférico como no sistema nervoso central. Ele estimula o crescimento de novos neurônios e fortalece conexões neurais (as novas e as já existentes), o que aumenta suas chances de aprendizagem. Outro fator estimulado durante o exercício físico é o de crescimento endotelial vascular (VEGF), que promove a expansão da sua rede capilar.

Com tudo isso, hoje sabemos que qualquer exercício aeróbico aumenta o fluxo sanguíneo cerebral em 20% a 25%, mas, como vimos, apenas em um curto espaço de tempo. Além disso, quando você sincroniza sua frequência cardíaca em 120 batimentos por minuto com 120 passos por minuto, ocorre o maior aumento no fluxo sanguíneo cerebral. Em qualquer aplicativo musical, você encontrará canções para caminhar 120 passos por minuto seguindo o ritmo das músicas. Em última análise, o movimento é uma função de sobrevivência que exige o movimento dos músculos, mas é fundamental saber para onde se mover, portanto a cognição é essencial. Ambas as funções estão interligadas.

Outra razão incrível que explica por que caminhar e correr são tão importantes para seu bem-estar: quando você pratica, sua visão do mundo se transforma. Sempre que se move por conta própria, você está, literalmente, indo para algum lugar. Isso poderá fazer você sentir, figurativamente, que está progredindo, indo em frente. Na verdade, já existem muitas experiências mostrando que, quando você avança, transmite figurativamente essa sensação de progresso, o que provoca um impacto importante na forma como você se sente em relação a si mesmo e à sua vida.

Por outro lado, pessoas deprimidas caminham de forma diferente. Elas são mais lentas, mal movimentam os braços, mantêm uma postura caída e olham para o chão. A depressão parece ser a causa dessa maneira de andar — e não o contrário —, porém, mudar a maneira como você anda poderá alterar o conteúdo dos seus pensamentos. Quando você caminha em um ritmo fácil e confortável, a atividade do córtex pré-frontal diminui, talvez porque seu cérebro envie mais sangue aos circuitos relacionados ao movimento e à navegação em uma determinada geografia que o afasta de sua capacidade de "pensar". Como a função do córtex pré-frontal é reduzir a possibilidade e o número de pensamentos e memórias ao mais sensato e óbvio, afastar o sangue de lá permite que sua mente vagueie um pouco sem restrições e talvez estabeleça uma nova conexão. Isso explica por que temos novas ideias durante os exercícios físicos.

Então, recomendo: caminhe a 120 passos por minuto, ou seja, dois passos por segundo, e seu coração entrará em sincronia com seus passos.

Isso provocará a produção de endorfinas, que fazem você se sentir bem. Caminhe rumo a algum lugar, e isso afastará pensamentos ruminando o passado, facilitando que encontre soluções para o futuro. Antes de qualquer reunião ou decisão importante, saia para um passeio e deixe sua mente vagar um pouco; você terá mais chances de ter novas ideias.

> O amor é sempre movimento, e, portanto, para podermos descrevê-lo, também precisamos estar em movimento. Precisamos estar sempre dispostos a mudar a velocidade do movimento, porque a velocidade é decidida pelo amor, e não cabe a nós decidirmos sobre ela. O amor não fala. Ele é mudo, leve, anda devagar, precisa do silêncio para se colocar furtivamente no suspiro, antes que a respiração o atraia para depois passar para os pulmões e chegar ao coração.
> Thomas Leoncini

Mover músculos

Se você leva uma vida sedentária, é muito provável que não saiba o que está acontecendo no seu corpo. A expressão do correto funcionamento do organismo envolve o emprego de certa força física. Vários estudos psicológicos demonstram que algumas habilidades físicas permitem que lidemos melhor com situações mentais e emocionalmente complexas. Tornar-se um mestre do seu corpo não apenas aumenta sua inteligência sensorial, mas o ajuda a se tornar um mestre da sua mente.

Por exemplo, treinar durante três meses para melhorar sua força física em 40% aumenta a autoconfiança e a escala geral do "sinto-me mais eficiente na minha vida". Além disso, ajuda você a resolver melhor os conflitos sociais, mas não através do confronto físico.

Pesquisas que envolvem a observação de pessoas ao longo de décadas indicam: aquelas que apresentam fraqueza muscular têm maior probabilidade de morrer por qualquer causa, independentemente da quantidade de gordura corporal e da prática de exercícios físicos. Existe uma relação direta entre a força do seu corpo e sua saúde mental. Por exemplo, estudos com gêmeos mostraram que um maior uso de força muscular na meia-idade ocasiona maior "massa cinzenta", melhor função de memória e rapidez cerebral em dez anos. Além disso, podemos relacionar a força física com o modo como você se sente: mais capaz de enfrentar desafios emocionais e físicos, com maior autoestima e a sensação de que sua vida está "muito mais administrável".

De acordo com o neurocientista e filósofo Antonio Damasio, seu senso de "Ser" (a sensação de que existe um eu vivendo esta vida, neste corpo e neste momento) é construído firmemente na avaliação implícita do que seu corpo pode controlar e administrar. Para Damasio, a informação inconsciente que vem do corpo e de seus sentidos interoceptivos fornece não apenas a base para a sensação de "Ser" quem você é, mas uma espécie de mensagem subterrânea na sua consciência que define seu humor para tudo que acontece. Lembra-se da trilha sonora? Se você alterar a música de fundo, poderá mudar a maneira como se sente. Conseguimos isso tornando nosso corpo um instrumento mais forte. E você já está praticando ao desenvolver sua inteligência sensorial com os exercícios deste livro.

Vimos, ao longo de *ZensorialMente*, que tecidos e órgãos do corpo nunca ficam em silêncio, mas sempre fornecem informações a você através das sensações. Constantemente comentam o que está acontecendo dentro de você como que "sussurrando" informações que vão e voltam do cérebro. Em parte, movimentar seu corpo permite que você altere imediatamente toda essa conversa, impactando diretamente suas sensações e pensamentos. Mas, quando os movimentos fortalecem seus músculos e ossos, eles podem mudar esses comentários por muito tempo ou para sempre. Quando tem mais força no corpo, você muda drasticamente a noção de quem você é e de tudo o que pode alcançar na vida. Por outro lado, se você deixar seu corpo enfraquecer, a mensagem que virá do sistema musculoesquelético será: "*Duro, fraco, você poderia estar melhor*". Tal informação é capturada por você a partir da percepção dos sentidos interoceptivos sobre o que seu corpo pode alcançar: ansiedade e baixa autoestima. E sentir-se capaz e no controle é exatamente o oposto de sentir-se ansioso.

Tudo isso vem sendo estudado há anos não apenas em adultos, mas em crianças e adolescentes, sempre com os mesmos resultados. Note que a verdadeira aptidão física não se relaciona a levantamento de peso para ganhar musculatura ou a nossa capacidade de correr mais longe e mais rápido. Acima de tudo, significa contar com um corpo suficientemente ágil e forte, capaz de mover-se como um animal. E você o é. Quando conta com essas habilidades, permanece livre para se mover pelo mundo com confiança, abandonando o perigo, saltando obstáculos e rindo do estresse.

Dançar juntos é dançar

Pesquisas científicas recentes sugerem que dançar é uma ferramenta vital de equilíbrio para tudo o que acontece com o corpo e, também, de avaliação de como essas mudanças nutrem suas experiências de vida. Ou seja, algo *crucial* para o seu funcionamento correto como ser humano. Não é somente a dança que deixa você mais feliz — endorfinas, endocanabinoides; há algo muito além disso. A dança e demais tipos de movimentos rítmicos estão relacionados a aspectos específicos da sua biologia que o ajudam a compreender e a equilibrar as emoções — o que assegura uma forma de conexão com você mesmo e com os outros. Aparentemente, apenas 6% a 10% da população mundial dança para se divertir, e esses números diminuem a cada década. Mesmo numa pesquisa mais recente, quase 50% dos jovens entre 18 e 24 anos admitiram sentir-se emocionalmente desligados quando rodeados de outras pessoas no mundo real ou virtual.

Por muitos anos, mantém-se o debate sobre por que dançamos — e a maioria dos outros animais tende a não o fazer. Alguns especulam que a dança é uma forma física de contar histórias, outros, que é uma forma de apresentação ao sexo oposto como alguém saudável, forte, coordenado, capaz de sobreviver na natureza. Porém, todos concordam que mantemos esses movimentos sincronizados há muito tempo, provavelmente desde que ficamos em pé. A evidência mais antiga foi encontrada em pinturas rupestres na Índia, há cerca de 9 mil anos. Mas o fato é que produzimos música, e certamente dançamos ao som dela ao menos há 45 mil anos, quando começamos a deixar a África.

Biologicamente, sua capacidade de sentir e responder ao ritmo está programada desde o nascimento. Por exemplo, existem muitos estudos com bebês de dois e três dias de idade expostos a música em um ritmo regular enquanto seus cérebros são registrados com eletrodos. A cada mudança inesperada de ritmo, o cérebro responderá indicando algo que está acontecendo ou faltando. Alguns meses depois, sua afinidade natural com o ritmo começa a se relacionar com seus movimentos. Isso acontece com bebês de cinco meses que se movimentam ao ritmo da música; seus movimentos sugerem algo parecido com a dança quando adquirem um controle mais voluntário de seus corpos. Parece óbvio que, desde cedo, dançar ao som de música nos faz sentir bem. Experiências determinam que bebês com melhor movimentação rítmica tendem a sorrir mais do que OD menos coordenados fisicamente.

Como vimos no início do livro, seu cérebro é uma máquina de

previsões que faz o seu melhor com base no que já conhece. Use essas informações para orientar suas ações e comportamentos. Diante disso, especula-se que talvez gostemos mais de música em ritmo regular, pois torna-se mais fácil prever o que vem a seguir. Quando sua previsão está correta, você sente o prazer da recompensa com a produção de uma pequena dose de dopamina. Além disso, estudos com imagens cerebrais mostram que, ao ouvir música, movendo-se ou não, as partes do seu cérebro envolvidas no planejamento do movimento são ativadas em sincronia com as que processam os sons. Ou seja, o som rítmico aciona simultaneamente suas redes neurais que conectam o cérebro ao corpo, o que dificulta sua imobilidade. Isso acontece por meio de ondas de atividade elétrica sincronizada em regiões cerebrais envolvidas no som e movimento. As ondas nessas duas regiões se unem como dois pêndulos que balançam ao mesmo tempo. Esse fenômeno é conhecido como *arrastamento*, no qual a informação compartilhada no cérebro é facilitada à medida que o pulso sincronizado se destaca do ruído de fundo. É como ouvir um canto num campo de futebol acima do ruído do estádio.

A capacidade do ritmo de eliminar o ruído de fundo é fundamental à sua necessidade de acompanhá-lo movendo-se sem esforço consciente significativo. Quando você combina seus movimentos ao ritmo da música, outra dose de dopamina é gerada. Além disso, cria-se aquela sensação de ser "um só" com a música. Isso também dá a você a ilusão de que pode controlar o ritmo ao bater com os pés no chão.

> O que chamamos de pensamento é uma internalização evolutiva do movimento.
> **Rodolfo Llinás**

Minha dopamina aumenta quando olho para você — e você não olha para mim

Não quero me despedir sem falar um pouco sobre a dopamina, neurotransmissor que quase todo mundo já utiliza no léxico do dia a dia. A dopamina é incrivelmente poderosa e está presente em funções básicas, como a sensação de fome ou a atração romântica, e em façanhas de desempenho físico e cognitivo. Ela é **sua força motriz** por trás da maioria de suas motivações, responsável por sua motivação, desejo, busca e prazer — e também pela sensação de dor e desconforto. Na verdade, a neurobiologia do prazer está relacionada aos circuitos neurais associados à dor e ao esforço. Mudanças nas concentrações de dopamina e as interações entre os níveis basal e máximo impulsionam seus desejos e dão **sentido** à sua motivação.

Mas tenha cuidado, grandes picos de dopamina causados por comportamentos ou substâncias que não exijam seu esforço podem ser destrutivos. Na verdade, a obtenção repentina de um nível muito alto de dopamina (rolar a página no Instagram, por exemplo) fará com que esse pico permaneça muito abaixo dos níveis basais iniciais, deixando você desmotivado e deprimido. Essas sensações desagradáveis podem levá-lo a procurar novamente aquela substância ou comportamento para sentir novamente a sensação máxima de motivação e prazer. Essa estratégia é ruim porque levará apenas à diminuição dos picos de dopamina a partir da mesma experiência (comportamentos e/ou substâncias), fazendo com que você recorra a experiências mais intensas — ou à acumulação e combinação de várias experiências diferentes — para obter algo parecido com o pico inicial.

No entanto, se, em vez de usar essa estratégia destrutiva, você apenas esperar um pouco, os circuitos de dopamina se reorganizarão e retornarão ao seu nível basal inicial. Cuidado. O problema não é o prazer ou a dopamina, mas o prazer excessivo, experimentado com muita rapidez e frequência, sem que haja esforço para experimentá-lo ou alcançá-lo. Para otimizar esse sistema, tente valorizar, com gratidão, as coisas simples da vida, e se assegure de que a maior parte dos seus prazeres venha de comportamentos que exijam certo nível de esforço. Ou seja, algo que proporcione a você prazer intenso sem muito esforço logo perderá sua potência e diminuirá sua experiência de prazer em todas as áreas da vida. Além disso, de vez em quando a vida fará com que sinta grande prazer simplesmente surpreendendo-o ou por conta de algumas oportunidades. Por tudo isso, se você vive uma situação de baixo (ou declínio de seu) bem-estar, preste atenção em como regula seus esforços e certifique-se de que eles estão vinculados à sua busca e expectativas. Voltemos à música e ao movimento...

Exercício

Fechando/Abrindo o corpo

Este exercício ajuda você a tomar consciência de como a postura corporal pode influenciar seus pensamentos e emoções.

Postura fechada: sente-se em uma cadeira com os pés no chão e comece a curvar os ombros para dentro. Incline-se ligeiramente para a frente, cruzando os braços sobre o peito. Observe como é essa posição. Pode ser difícil respirar, e você pode se sentir na defensiva.

Postura aberta: sente-se ereto e com as costas retas. Junte as omoplatas e abra os braços, permitindo que caiam para os lados. Observe como é abrir o peito, respirar livremente e expandir o corpo.

2 Hz

Em um estudo de 2005, várias pessoas foram colocadas em um dispositivo que monitorava seus movimentos enquanto corriam, andavam de bicicleta ou simplesmente iam trabalhar. Os resultados mostraram que a frequência variava muito pouco. Independentemente da altura, idade, peso ou sexo, seus corpos ressoavam a uma frequência de 2 Hz; "traduzido" para o cérebro, isso significa um movimento para cima e para baixo de duas vezes por segundo. Dois Hertz equivalem a um ritmo de 120 pulsos por minuto. Não por acaso, esse é o ritmo de quase todas as músicas *pop* e *dance* do mundo. Também é o ritmo em que as pessoas se tornam mais precisas quando solicitadas a tocar junto a um metrônomo ou em laboratórios. A humanidade dança no mesmo ritmo e batida. A música é feita por humanos e para humanos, tudo ressoando em 2 Hz. Isso significa que o fato de dançarmos no mesmo ritmo facilita não apenas a sincronização com a música, mas a sincronia entre nós, seres humanos. Quando dançamos juntos como um só corpo, o cérebro começa a perder a distinção entre "eu" e "eles".

Como vimos, em circunstâncias normais, você usa informações do corpo através de seus sentidos proprioceptivos que dizem: quem e o que "você é"; e o quê e quem "não é". Mas, quando você anda com outras pessoas, seu cérebro começa a se confundir. As informações sobre os movimentos do seu corpo se misturam com as ações de outras pessoas. Como resultado, a linha entre você e os outros fica confusa. "Dançar juntos" é uma maneira de lidar com a solidão e ajuda na reconexão com outras pessoas. Também é um ato que pode reunir pessoas aparentemente sem nada em comum, mesmo com visões opostas sobre o mundo. Incrivelmente, crianças de um ano se tornam mais dóceis com os adultos se tiverem a experiência inicial de dançar juntos. No entanto, se o adulto dançar na hora errada, ou fora do ritmo, as crianças tendem a ser menos gentis.

Aparentemente, dançar não é um acaso bonito, mas algo que evoluiu para cumprir um papel importante na sociedade. A dança faz com que grupos se unam emocionalmente para trabalhar juntos em benefício comum. O poder do movimento sincronizado ignora seu pensamento racional e se conecta diretamente com suas emoções. Mas, em mãos erradas, pode ser um método de controle de multidões. Por exemplo, não é coincidência que o apoio às ideias de Hitler tenha surgido fortemente quando a saudação *nazi* precisou ser realizada várias vezes ao dia em escolas e locais públicos, em 1943. O movimento sincronizado uniu exércitos ao longo da História, uma vez que pertencer a um grupo traz bem-estar. E, quando você se sente bem, torna-se mais fácil esquecer o que é certo.

"Superstition"

Em um estudo de 2012, o dr. Janata tocou 148 músicas de todos os tipos de ritmos para um grupo de voluntários. Então ele perguntou qual delas os fazia se mover ou dançar, e qual delas eles consideravam "maravilhosa". Apesar dos ritmos variados e múltiplos gostos musicais dos voluntários, "Superstition", de Stevie Wonder, foi a escolhida. Essa música tem o conhecido *ritmo sincopado*. As síncopes são um dos melhores elementos rítmicos para criar *grooves* únicos e dar dinamismo às músicas. No entanto, compreender os princípios básicos de como funciona a síncope pode ser complicado. Consiste em tocar um ritmo ou conjunto de ritmos nas "batidas mortas" do pulso ou ritmo comum. O que faz a síncope ser interessante é a dificuldade de descrevê-la fora do contexto, pois é um elemento da teoria musical mais bem sentido do que escutado. É difícil encontrar esse ritmo nas batidas regulares, mas, quando você o experimenta, se sente um dançarino incrível, como se tivesse decifrado um código secreto. É hora de se expressar com cintura, braços, pernas e pés sem parar. Uma sensação de que você faz parte da banda que está tocando. É a conexão com "algo maior", mesmo que esteja sozinho. Adivinhe o que estou ouvindo enquanto escrevo isso. Se você acessar qualquer aplicativo de música e pesquisar *Superstition covers & remixes*, terá uma grande surpresa.

Emoções dançadas

A cientista e dançarina Julia Christensen acredita que ficar presos em um ritmo pode nos levar a um estado alterado de consciência no qual não somos fisicamente capazes de processar estresse ou preocupações. Para Christensen, essa é a droga que os humanos usavam antes dos produtos químicos. Um estado de transe para cerimônias tribais. A ideia é que, ao sair desse transe, você sinta um estado de calma, tenha ideias mais claras e uma conexão consigo mesmo que dure muito tempo. "Dançar" suas emoções pode ajudá-lo a reconhecê-las melhor. Propondo que você se torne alguém com capacidade de pensar sobre si mesmo, *ZensorialMente* o vem estimulando para que, em vez de examinar seus pensamentos — e isso não é ruim —, você consiga acessar seu mundo interno de emoções e sensações sintonizando-se com seu corpo. As últimas descobertas informam que ao menos 10% das mulheres e 17% dos homens consideram muito difícil identificar como as emoções são sentidas no corpo e expressá-las em palavras.

Estou convencido de que sintonizar suas sensações e emoções através do movimento, neste caso a dança, é algo que você deve considerar ao menos como um hobby. Pessoalmente, isso me ajuda a navegar na vida emocional de forma mais eficaz. Dançar permite processar sinais do corpo e retornar a um estado de equilíbrio biológico livre de hormônios do estresse, enchendo as veias com serotonina, endorfinas e endocanabinoides. Existem muitos estudos mostrando que dançar por algumas semanas melhora a saúde emocional. Além disso, beneficia a capacidade de autopercepção, autoconfiança e humor. Dançar e mover-se com novos movimentos torna mais fácil sua resposta, de maneiras diferenciadas, a situações passadas ou preocupações sobre o futuro. É como uma terapia de linguagem corporal. O mais importante é que você se concentre nos movimentos realizados. Assim como na meditação, direcione toda a sua atenção à respiração. Focar a atenção nos movimentos leva você a um estado de piloto automático no qual é forçado a tomar decisões sobre como deseja agir fisicamente. A vantagem é que, uma vez incorporados novos movimentos, novas formas de pensar e sentir se abrem. Dançar oferece um espaço seguro para que você tente responder de novas maneiras ao que sente. Seu repertório se expande.

Poderíamos dizer que o uso da dança como uma espécie de terapia seria o oposto da meditação *mindfulness*. Como vimos, esta última propõe a observação de pensamentos e emoções sem que nos envolvamos ou tentemos mudá-los. O movimento da dança pode ampliar suas emoções, além de oferecer a você a possibilidade de mudar suas reações em relação a elas, transformando-as no que você deseja que sejam. Dançar permite que você leia melhor suas próprias emoções e as dos outros. Se alguns descrevem a caminhada como uma "queda controlada", a dança é muito mais do que isso. E nada parece melhor do que se salvar repetidamente.

E chegamos quase ao fim da melhor forma: dançando. Convido você a se movimentar de forma sincronizada, sozinho ou com outras pessoas. Toque "Superstition", de Stevie Wonder, no volume máximo. Ao fazer isso com outras pessoas, você se aproximará física e emocionalmente delas e, portanto, cooperará mais com elas — e elas com você.

Exercício
Semialterado

Quero ajudá-lo a aprender a sentir, a sentir a si mesmo.

Ouça sua canção favorita movendo a cabeça para cima e para baixo, ou com os braços para o alto, no ritmo da música. Ao fazer isso por muito tempo, você entrará em um estado semialterado de consciência.

Exercício
De quietude

O fluxo normal da vida diária inclui muitas transições da ação para a quietude, o que pode representar um desafio para seu sistema nervoso. Graças à sua capacidade de transição flexível entre movimento e descanso, você pode atender às demandas do dia. A quietude é uma combinação de placidez e conexão que pode ser difícil de alcançar. Comece com micromomentos para desenvolver sua capacidade até que seja possível chegar a períodos mais longos de quietude. Experimente diferentes maneiras de entrar no seu momento de silêncio. Sente-se calmamente com alguém. Reserve um momento para reflexão silenciosa. Transite entre a ação física e o descanso. Caminhe com um amigo sem conversar. Desligue os aparelhos eletrônicos e contemple o mundo ao seu redor. Descubra o que mais pode proporcionar a você um momento de tranquilidade. Comece com pequenos momentos.

> Deveríamos viver cada dia como pessoas que acabaram de ser resgatadas da Lua.
> **Thich Nhat Hanh**

Acessando seu corpo

Antes de ler *ZensorialMente*, talvez você pensasse no seu corpo como algo fixo, sólido e imutável. No entanto, você já aprendeu que ele passa por mudanças permanentes desde o dia em que nasceu até o dia de sua morte. Assim como é possível mudar o cabeamento do cérebro com intervenções certas, também podemos mudar padrões neuromusculares e pontos cegos.

Não há dúvida de que seu corpo tem brilho próprio e é sábio, mas, apesar de tudo o que você aprendeu aqui, lembre-se de que ele não sabe tudo. Você passa décadas na escola conhecendo as habilidades da lógica, pensamento crítico, análise e muitas outras distinções necessárias ao uso habilidoso do intelecto. Por outro lado, você praticamente não perde tempo aprendendo a discernir rapidamente, e a usar com sabedoria, as mensagens presentes nas suas posturas, gestos e sensações. É muito provável que tenha tão pouca experiência em acessar seu corpo que mesmo práticas tão saudáveis e profundas como a ioga não o ajudem automaticamente.

Em muitas dessas práticas do corpo e do movimento físico, não há muita ênfase no *verdadeiro* autoconhecimento. Com este livro, tentei proporcionar a abordagem desse tema sob o ponto de vista sensorial. O verdadeiro potencial da ioga está menos em acompanhar sequências de movimentos específicas e mais em como você presta atenção enquanto se movimenta — e como aplica esse conhecimento resultante em sua vida diária. Ao aprender a lidar com a atenção dessa forma, e a sentir seu corpo, você também poderá fazê-lo andando pela rua ou numa fila de supermercado.

Mas atenção: treinar seu corpo desconectado de suas emoções é útil se você deseja construir um corpo mais forte e ágil. Mas o desenvolvimento de sua autoconsciência sensorial não demanda somente o treino do corpo físico. Autoconhecimento e a inteligência que propus aqui, a sensorial, não envolvem o aprendizado sobre sua linguagem corporal, mais ligada à cultura e a gestos específicos; além disso, ela varia com o gênero, a região e até mesmo seu papel familiar. A linguagem corporal é frequentemente ensinada como uma forma de controlar o resultado de uma situação. Uma maneira de escolher entre uma ampla gama de técnicas para causar o impacto desejado.

Porém, é verdade que, ao aprender sobre suas possíveis novas linguagens corporais por meio de diferentes práticas contínuas, você ganha maior autoconhecimento sensorial. Mas, em sua maior parte, esse aprendizado tende a permanecer na superfície; torna-se uma ferramenta descartada, algo que você usa e joga fora. Tal aprendizado está muito longe de ser um comportamento natural. O autoconhecimento sensorial mais poderoso é aquele que você pode *sensar* ao que emerge natural e automaticamente de dentro do seu corpo. Estou convencido de que seu aprendizado realmente se desenvolve por completo quando você inclui seu corpo e o integra ao aprendizado mental, comportamental, emocional e, sem dúvida, espiritual. É o ponto alto da aprendizagem holística e experiencial.

Não se esqueça de que seu corpo expressa naturalmente as qualidades da pessoa que vive dentro de você. Seu corpo transmite sua dignidade, sua coragem, sua compaixão, seu cuidado. Sua inteligência sensorial revela conscientemente o que você está vivenciando por dentro. Ela tem o potencial de mudar a maneira como você é, de dentro para fora. E, uma vez incorporada uma habilidade que você deseja desenvolver, ela se torna uma predisposição profundamente enraizada em sua neuromusculatura; então aquele movimento que você precisa fazer surge no momento certo, exatamente quando você precisa.

Você já sabe que o corpo de qualquer pessoa é absoluta e infinitamente incrível. No meu caso, desde que curei meu corpo doente de tensões e preocupações, devido a uma grande crise em 2004, fiquei mais gentil comigo mesmo. Estou menos preocupado em me enquadrar nas normas restritivas da sociedade e mais interessado em celebrar minhas qualidades. Espero que você também faça isso a partir de hoje — e que não precise de uma grande crise como estímulo para essa decisão.

Como comentei no início, quero convidá-lo a duvidar de tudo e de todos e a explorar mais profundamente a experiência do que acontece com você.

A seguir, ofereço um resumo de muitas coisas aprendidas ao longo de *ZensorialMente*. Leia-as várias vezes antes de seguir adiante, tentando pensar e ***sentir*** essa informação. Em que parte do corpo ela está e como você a sente? Qual é a temperatura dessa informação? Ela se move? É leve ou tensa? Como você está respirando enquanto a lê?

Boa sorte.

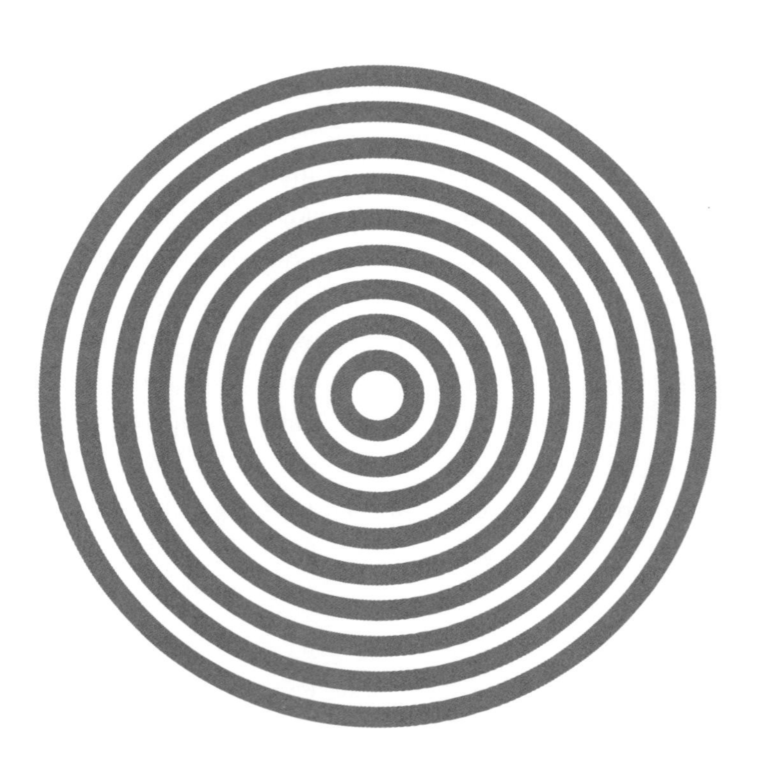

REVISANDO O QUE FOI APRENDIDO

- Inteligência sensorial é sua capacidade de prestar atenção em si mesmo, de sentir suas sensações, emoções e movimentos, no momento presente, sem a influência mediadora dos pensamentos críticos. É sentir-se de maneira direta, sem a constante narração ou interpretação da sua mente pensante.
- A sensação do tato e a capacidade de movimento são os sentidos que se desenvolvem primeiro no cérebro, antes dos outros.
- Seu cérebro é um órgão sensorial, emocional e social.
- O desenvolvimento do cérebro depende das experiências que você vive ao longo da vida, ou seja, ele é influenciado por determinados ambientes sociais.
- O coração tem seu próprio sistema nervoso e exerce impacto direto nas suas avaliações de segurança e perigo, no nível de conexão com os outros, no cérebro e na função cognitiva — e talvez até na sua memória.
- Seu intestino tem um sistema nervoso próprio, que atua em grande parte de forma independente do cérebro. Ele "pensa por si mesmo" em relação aos processos digestivos. Nenhuma outra parte do sistema nervoso pode fazer isso. Ele influencia muito mais o cérebro do que o contrário; desempenha um papel no seu estado mental e emocional e na classificação das suas relações sociais.
- Seu cérebro emocional toma forma e funciona em relação às pessoas ao seu redor, especialmente às mais importantes em sua vida. É por isso que, quando você deseja mudar, ou seja, desenvolver novos hábitos e comportamentos, ter relacionamentos próximos que apoiem essa mudança irão ajudá-lo a alcançar seus objetivos.

- A mudança — o aprendizado — acontecerá com mais eficiência quando esse novo comportamento for importante para você. As emoções intensas melhoram — ou pioram — seu aprendizado. Às vezes o relacionamento com seu tutor, treinador, professor, é mais importante do que a técnica que você utiliza.
- Seu cérebro assume formas e funções com base em repetições ou naquilo que você presta mais atenção. Quando seu cérebro aprende, seus neurônios distribuídos por todo o sistema nervoso passam por mudanças estruturais e químicas. Isso acontece por meio da prática e da repetição.
- Seu movimento, comandado pelo cerebelo, também está ligado ao cérebro emocional. Isso explica por que seus movimentos habituais passam a fazer parte da sua estrutura física e influenciam a forma como você vê o mundo.
- O movimento do seu corpo, aquilo em que você presta atenção, seu envolvimento emocional, relações sociais e práticas fazem parte do seu grande poder de neuroplasticidade.
- Conhecer mais e melhor seu corpo e sentidos — fortalecendo sua inteligência sensorial — o ajuda a descobrir seus pontos cegos, e depois mudá-los por outros biocomportamentos.
- Sua capacidade de sentir sensações é sempre inseparável da capacidade de escolher qual comportamento é apropriado em diferentes circunstâncias.
- Você poderá fortalecer sua inteligência sensorial através da interocepção, ou seja, a capacidade de sentir o próprio corpo presente por meio de sensações, emoções e diferentes estados corporais.
- Suas decisões foram, são e sempre serão inerentemente dependentes de suas emoções.
- Quando você estiver em conflito, os sinais de alarme do corpo e do sistema de resposta a ameaças serão ativados. Isso diminui sua capacidade de pensar com clareza. Impulsionado por sensações e emoções

abaixo do seu nível de consciência, você tem grandes chances de se arrepender do que faz.

- A conversa e o diálogo podem ser insuficientes para a solução de um conflito. E ele pode acabar se perpetuando. Na verdade, a sua linguagem, por si só, não aborda inerentemente os distúrbios fisiológicos que o conflito cria. Sua inteligência sensorial é uma companheira essencial para certas estratégias de resolução de conflitos.
- A expressão física de uma emoção é um aspecto inseparável da própria emoção.
- Seus padrões neuromusculares estão intimamente relacionados às suas emoções, à sua personalidade e ao seu humor.
- A maneira como você movimenta seu corpo afeta seu comportamento, suas emoções, seu estado mental e fisiológico.
- Os sistemas neurais baseados no corpo se desenvolvem muito antes das estruturas cerebrais que sustentam o pensamento abstrato.
- Quando você se concentra na sensação, incorpora aspectos não cognitivos da experiência na consciência. Depositar sua atenção na sensação traz você mais plenamente para o momento presente.
- Você constrói mais conexões neurais em áreas cerebrais responsáveis pela interocepção e propriocepção quanto mais atenção prestar às sensações derivadas dos seus receptores de **lugar**, **tensão**, **movimento**, **temperatura**, além dos diferentes níveis de **energia** e do estado da sua **respiração**.
- A intenção é vital, mas, sem compromisso, torna-se apenas uma ideia. Sem compromisso não há ação.
- Leve seu **compromisso** com o corpo ao nível sensorial. Sinta e aja ao mesmo tempo.

Espero que você tenha aprendido a "sentir-se" a si mesmo, a sensar a si mesmo. Assim, você se sentirá cada vez mais **Zensacional!**

AGRADECIMENTOS

A Eliana Prada.

A Florencia Cambariere, por tantos anos de amizade, lealdade e trabalho.

A Juan Pablo Cambariere, o número 1.

A Joaco Bachrach e Shumi Gauto.

A Goyo e Silvia.

A Ale, Ona, Nina, Leon, Haru e Tori Bachrach.

A Fer Lirman e Lucas Waissmann.

A Daniel Bogiaizian.

A Juli Moret.

A Diego Cheja, Fran Vanoni, Sofi Robredo, Charly Galosi, Patricio Nelson, Pablo Marques, Vale Venegas, Bren Cohen e Facu Pereyra.

A meus alunos e ex-alunos do MBA da Universidade Torcuato Di Tella.

A Marisol Tapia e Marilin Mataloni.

E a Carol Madero.

REFERÊNCIAS

Abreu, Rubens R. *et al.*, "Prevalência de crianças respiradoras orais", *Jornal de Pediatra,* 84, nº 5, setembro-outubro de 2008, pp. 467-470.

Anderson, D., "Recovering humanity: movement, sport, and nature" [Recuperando a humanidade: movimento, esporte e natureza], *Journal of the Philosophy of Sport,* 28, nº 2, 2001, pp. 140-150.

André, C., "Proper breathing brings better health" [A respiração adequada traz uma saúde melhor], *Scientific American,* 15/01/2019.

Arshamian, A., *et al.*, "Respiration modulates olfactory memory consolidation in humans" [A respiração modula a consolidação da memória olfativa em humanos], *Journal of Neuroscience,* 38, nº 48, novembro de 2018, pp. 10 286-10 294.

Baroody, F.M., "How nasal function influences the eyes, ears, sinuses, and lungs" [Como a função nasal influencia os olhos, ouvidos, seios da face e pulmões], *Proceedings of the American Thoracic Society,* 8, nº 1, março de 2011, pp. 53-61.

Barrett, L., *Beyond the brain: how body and environment shape animal and human minds [Além do cérebro: como o corpo e o ambiente moldam as mentes animais e humanas].* Princeton, NJ: Universidade de Princeton, 2011, p. 176.

Barton, R.A. e Venditti, C., "Rapid evolution of the cerebellum in humans and other great apes" [Evolução rápida do cerebelo em humanos e outros grandes macacos], *Current Biology,* 2014, vol. 24: 2440-44.

BBC News "Sneezing 'can be sign of arousal'" ["Espirros podem ser um sinal de excitação"], BBC News, 19/12/2008.

Bergland, C., "Longer exhalations are an easy way to hack your vagus nerve" [Exalações mais longas são uma maneira fácil de hackear seu nervo vago], *Psychology Today*, 09/05/2019.

Bernardi, L., Sleight, P., Bandinelli, G., Cencetti, S., Fatorini, L., Wdowczyc-Szulc, J., e Lagi, A., "Effect of rosary prayer and yoga mantras on autonomic cardiovascular rhythms: comparative study" [O efeito da oração do rosário e dos mantras de ioga nos ritmos cardiovasculares autônomos; estudo comparativo], *BMJ*, 2001, vol. 323 (7327), pp. 1446-9.

Bernstein, E., *et al.* "Exercise and emotion dynamics: an experience sampling study" [Exercício e dinâmica emocional. Um estudo de amostragem de experiência], *Emotion 19*, nº 4, junho de 2019, pp. 637-644.

Berrueta, L., Muskaj, I., Olenich, S., Butler, T., Badger, G.J., Colas, R.A., Spite, M., Serjan C.N. e Langevi, H.M., "Stretching impacts inflammation resolution in connective tissue" [O estiramento influencia a resolução da inflamação no tecido conjuntivo], *Journal of Cellular Physiology*, 2016, vol. 231 (7), pp. 1621-7.

Berzin, Robin, "State change: end anxiety, beat burnout, and ignite a new baseline of energy and flow" [Mudança de estado: acabar com a ansiedade, vencer o esgotamento e iniciar uma nova base de energia e fluxo], S&S/Simon Element, 18 de janeiro de 2022.

Birch M., *Breathe: The 4-week breathing retraining plan to relieve stress, anxiety and panic [Respire: um plano de 4 semanas para a reeducação respiratória de alívio do estresse, ansiedade e pânico]*, Sydney, Hachette Austrália, 2019.

Blake, A., "Your body is your brain. Leverage your somatic intelligence to find purpose, build resilience, deepen relationships and lead more powerfully" [Seu corpo é seu cérebro. Aproveite sua inteligência somática para encontrar um propósito, construir resiliência, aprofundar relacionamentos e liderar com mais força], Embright, edição ilustrada, 9 de novembro de 2019.

Bojner Horwitz, E., Lennartsson, A.K., Theorell, T.P.G., e Ullén, F., "Engagement in dance is associated with emotional competence in interplay with others" [A participação na dança está associada à competência emocional na interação com os outros], *Frontiers in Psychology,* 2015, v. 6, artigo 1.096.

Boulding, R., *et al.*, "Dysfunctional breathing: a review of the literature and proposal for classification" [Respiração disfuncional: revisão da literatura e proposta de classificação], *European Respiratory Review* 25, nº 141, setembro de 2016, pp. 287-294.

Bowman, Katy, "Move your DNA. Restore your health through natural movement" [Mova seu DNA. Restaure a sua saúde através do movimento natural], 2ª edição, Propriometrics Press, maio de 2017.

Brackett, M., A., *et al.*, "Emotional intelligence: implications for personal, social, academic, and workplace success" [Inteligência emocional. Implicações para o sucesso pessoal, social, acadêmico e profissional], *Social and Personality Psychology Compass 5*, nº 1, janeiro de 2011, pp. 88-103.

Bramble, D. M., e Lieberman, D. E., "Endurance running and the evolution of homo" [Corrida de resistência e a evolução do Homo], *Nature,* 432, nº 7015, 2004, pp. 345-352.

Brown, R.P., Gerbarg, P.L., *The healing power of breath. Simple techniques to reduce stress and anxiety, enhance concentration, and balance your emotions [O poder curativo da respiração. Técnicas simples para reduzir o estresse e a ansiedade, melhorar a concentração e equilibrar as emoções]*, Boston, Shambhala. 2012.

Bryson, Bill. *The body. A guide for occupants [O corpo. Um manual para moradores]*, Anchor, edição reimpressa, 2021.

Campion, M., e Levita, L., "Enhancing positive affect and divergent thinking abilities: play some music and dance" [Melhorando o afeto positivo e a capacidade de pensamento divergente: colocar um pouco de música e dançar], *The Journal of Positive Psychology*, 2013, v. 9, pp. 137.

Cerf, M., "Neuroscientists have identified how exactly a deep breath changes your mind" [Neurocientistas identificaram exatamente como a respiração profunda muda sua mente], *Quartz*, 19/11/2017.

Cheval, B., *et al.*, "Behavioral and neural evidence of the rewarding value of exercise behaviors: a systematic review" [Evidências comportamentais e neurais para o valor de recompensa dos comportamentos de exercício: uma revisão sistemática], *Sports Medicine*, 48, nº 6, 2018, pp. 1389-1404.

Christensen, R., *et al.*, "Efficacy and safety of the weight-loss drug Rimonabant: a meta-analysis of randomised trials" [Eficácia e segurança do medicamento para perda de peso Rimonabant: uma metanálise de ensaios randomizados], *The Lancet*, 370, nº 9600, 2007, pp. 1706-1713.

Chrysikou, E.G., Hamilton, R.H., Coslett, H.B., Datta, A., Bikson, M., Thompson Schill, S.L., "Noninvasive transcranial direct current stimulation over the left prefrontal cortex facilitates cognitive flexibility in tool use" [A estimulação transcraniana não invasiva por corrente contínua sobre o córtex pré-frontal esquerdo facilita a flexibilidade cognitiva no uso de ferramentas], *Journal of Cognitive Neuroscience,* 2013, v.4(2), pp. 81-9.

Chung, S.C., Kwon, J.H., Lee, H.W., Tack, G.R., Lee, B., Yi, J.H., Lee, S.Y., "Effects of high concentration oxygen administration on n-back task performance and physiological signals" [Efeitos da administração de oxigênio em alta concentração em desempenho n-back e sinais fisiológicos], *Physiological Measurement,* 2007, v. 28(4), pp. 389-96.

Collins, Tristen, "Why emotions matter. Recognize your body signals. Grow in emotional intelligence. Discover an embodied spirituality" [Por que as emoções são importantes. Reconheça os sinais do seu corpo. Aumente sua inteligência emocional. Descubra uma espiritualidade corporificada], publicação independente, 2019.

Colzato, L.S., Szapora, A., Pannekoek, J.N., e Hommel, B., "The impact of physical exercise on convergent and divergent thinking" [O impacto do exercício físico no pensamento convergente e divergente], *Frontiers in Human Neuroscience,* 2013, v. 7, pp. 824.

Colzato, L.S., Szapora, A., Pannekoek, J.N., e Hommel, B., "How quickly does a blood cell circulate?" [Quão rápido uma célula sanguínea circula?], *The Naked Scientists,* 29/04/2012.

Craig, A.D., "How do you feel-now? The anterior insula and human awareness" [Como você se sente? A ínsula anterior e a consciência humana], *Nature Reviews Neuroscience,* 2009, v. 10 (1), pp.59-70.

Damasio, A., *The feeling of what happens. Body, emotions and the making of conscience [O sentimento do que acontece. Corpo, emoções e formação da consciência]*, Londres, Vintage, 2000, p.150.

Damasio, A., R., *Descartes' error: emotion, reason and the human brain [O erro de Descartes. Emoção, razão e o cérebro humano]*, Nova York, GP Putnam, 1994, pp. 245-251.

Dijksterhuis, A., "Think different: the merits of unconscious thought in preference development and decision making" [Pensando diferente: os méritos do pensamento inconsciente no desenvolvimento de preferências e tomada de decisões", *Journal of Personality and Social Psychology,* 2004, v. 87(5), pp. 586-98.

Dijksterhuis, A., e Nordgren, L.F., "A Theory of inconscientemente thought" [Uma teoria do pensamento inconsciente], *Perspectives on Psychological Science,* 2006, v. 1(2), pp. 95-109.

Eske, J., "Natural ways to cleanse your lungs" [Maneiras naturais de limpar seus pulmões], *Medical News Today,* 18/02/2019.

Falck, R.S., Davis, J.C., e Liu-Ambrose, T., "Cross-sectional relationships of physical activity and sedentary behavior with cognitive function in older adults with probable mild cognitive impairment" [A associação entre comportamento sedentário e função cognitiva. Uma revisão sistemática], *British Journal of Sports Medicine,* 2017, v. 51(10), pp. 800-11.

Feldman Barrett, Lisa, *Seven and a half lessons about the brain [Sete lições e meia sobre o cérebro]*, Mariner Books, 2020.

Frederickson, B., *et al.*, "A functional genomic perspective on human well-being" [Uma perspectiva genômica funcional sobre o bem-estar humano], *Proceedings of the National Academy of Sciences* 110, nº 33, julho de 2013, pp. 13 684-13 689.

Garfinkel, S.N., e Critchley, H.D., "Threat and the body: how the heart supports fear processing" [Ameaça e o corpo. Como o coração apoia o processamento do medo], *Trends in Cognitive Sciences,* 20 (1), pp. 34-46.

Gebauer, L., Kringelbach, M.L., e Vuust, P., "Ever-changing cycles of musical pleasure: the role of dopamine and anticipation" [Ciclos voláteis do prazer musical. O papel da dopamina e da antecipação], *Psychomusicology: Music, Mind, and Brain,* 2012, v. 22(2), pp. 152-67.

Gerritsen, R.J.S., Band, G.P.H., "Breath of life: the respiratory vagal stimulation model of contemplative activity" [Sopro de vida: o modelo de simulação vagal respiratória da atividade contemplativa], *Frontiers in Human Neuroscience,* 12, 2018, p. 397.

Gould, S.E., "The origin of breathing: how bacteria learnt to use oxygen" [A origem da respiração: como as bactérias aprenderam a usar o oxigênio], *Scientific American,* 29/07/2012.

Hammond, C., Lewis, G., "The rest test: preliminary findings from a large-scale international survey on rest" [O teste do descanso. Resultados preliminares de uma pesquisa internacional em grande escala sobre o descanso], *The restless compendium: interdisciplinary investigations of rest and its opposites.,* Callard. F.

Healey, J., "Physiological sensing of emotion" [A detecção fisiológica da emoção], *The Oxford Handbook of Affective Computing,* Nova York, Oxford University Press, 2015.

Herbert, B.M., Pollatos, O., Schandry, R., "Interoceptive sensitivity and emotion processing: an EEG study" [Sensibilidade interoceptiva e processamento emocional: um estudo de EEG"], *International Journal of Psychophysicalology*, 65(3), 2007, pp. 214-227.

Hills, P., J. *et al.*, "Sad people avoid the eyes or happy people focus on the eyes? Mood induction affects facial feature discrimination" [As pessoas tristes evitam os olhos ou as pessoas felizes focam neles? A indução do humor afeta a discriminação das características faciais], *British Journal of Psychology 102,* nº 2, 2011, pp. 260-274.

Hoffmann, B., Kobel, S., Wartha, O., Kettner, S., Dreyhaupt, J., Steinacker, J.M., "High sedentary time in children is not only due to screen media use: a cross-sectional study" [O alto tempo sedentário em crianças não se deve apenas ao uso de mídia de tela: um estudo transversal], *BMC Pediatrics, 2019,* v.19(1), pp. 154.

Hooket, S.A., Masters, K.S., "Purpose in life is associated with physical activity measured by accelerometer" [O propósito da vida associado à atividade física medida pelo acelerômetro], *Journal of Health Psychology, 21*, nº 6, 2016, pp. 962-971.

Humphrey, N., "Why the feeling of consciousness evolved", *Your conscious mind: unravelling the greatest mystery of the human brain* [Por que o sentimento de consciência evoluiu", *Your Conscious Mind. Desvendando o grande mistério do cérebro humano],* New Scientist Instant Expert Series, Londres, John Murray, 2017, pp.37-43.

Hsu, D.W., Jeffrey D. Suh, "Anatomy and physiology of nasal obstruction", *Otolaryngologic Clinics of North America* [Anatomia e fisiologia da obstrução nasal], *Clínicas de Ouvido, Nariz e Garganta da América do Norte],* 51, nº 5, 2018, pp. 853-865.

In, N., "Breathing exercises, ice baths: how Wim Hof Method helps elite athletes and Navy Seals" ["Exercícios respiratórios, banhos de gelo: como o método Win Hof ajuda atletas de elite e Navy Seals" (marinheiros dos Estados Unidos)], *South China Morning Post*, 25/03/2019.

Janata, P., Tomuc, S.T. , e Haberman, J.M., "Sensorimotor coupling in music and the psychology of the *groove*" [Acoplamento sensório-motor na música e na psicologia do *groove*], *Journal of Experimental Psychology*, 2012, v. 141, p. 54.

Kahana-Zweig, Telles *et al.*, "Alternate-nostril yoga breathing reduced blood pressure while increasing performance in a vigilance" [A respiração de ioga através de narinas alternadas reduz a pressão arterial e aumenta o desempenho em um teste de vigilância], *Medical Science Monitor Basic Research*, 23, de dezembro de 2017, pp. 392-398.

Kahneman, D., *Thinking, fast and slow [Pensando, rápido e devagar]*, Nova York, Farrar, Straus e Giroux, 2011, p. 51.

Karamjit S., *et al.*, "Effect of uninostril yoga breathing on a brain hemodynamics: a functional near infrared spectroscopy study" [O efeito da respiração uninostril ioga na hemodinâmica cerebral. Um estudo de espectroscopia funcional no infravermelho próximo], *International Journal of Yoga*, 9, nº 1, junho de 2016.

Khan, Z., Bollu, P.C., "Fatal family insomnia" [Insônia familiar fatal], *StatPearls*, Treasure Island, FL, StatPearls Publishing, 2020.

Kreibig, S.,D., *et al.*, "Cardiovascular, electrodermal, and respiratory response patterns to fear — and sadness — inducing films" [Padrões de resposta cardiovascular, eletrodérmica e respiratória a filmes indutores de medo e tristeza], *Psychophysiology 44,* nº 5, setembro de 2007, pp. 787-806.

Lathia, N., *et al.*, "Happier people live more active lives: using smartphones to link happiness and physical activity" [Pessoas mais felizes vivem vidas mais ativas: usando smartphones para vincular felicidade e atividade física], *PLOS ONE*, 12, nº 1, 2017.

Landau, M.D., "This breathing exercise can calm you down in a few minutes" [Este exercício respiratório pode acalmá-lo em apenas alguns minutos], Vice, 16/03/2018.

Learn, J.R., "Science explains how the iceman resists extreme cold" [A ciência explica como o homem do gelo resiste ao frio extremo], *Smithsonian.com*, 22/05/2018.

LeDoux, J., *The emotional brain: the mysterious underpinnings of emotional life [O cérebro emocional. Os misteriosos fundamentos da vida emocional],* Nova York, Simon & Schuster, 1996, p. 25.

Levine, P., *Waking the tiger. Healing trauma [Acordando o tigre. Curando traumas],* North Atlantic Books, edição ilustrada, 1997.

Lewis, C., Lovatt, P.J., "Breaking away from set patterns of thinking: improvisation and divergent thinking" [Rompendo com padrões estabelecidos de pensamento: improvisação e pensamento divergente], *Thinking Skills and Creativity,* 2013, v. 9, pp. 46-58.

Li, P., Janczewski, WA, Yackle, K., Kam, K., Pagliardini, S., Krasnow, M. A., Eldman, J.L., "The peptidergic control circuit for sighing" [O circuito de controle peptidérgico do suspiro], *Nature,* 2016, v. 530 (7590), pp. 293-7.

Liberman, D., *A história do corpo humano: evolução, saúde e doença,* Rio de janeiro, Zahar, 2015.

Lieberman, D., E., *The evolution of the human head [A evolução da cabeça humana]*, Cambridge (Massachusetts), Belknap Press na Universidade de Harvard, 2011, pp. 255-281.

Llinás, R.R., *I of the vortex: from neurons to self [Eu do vórtice. Dos neurônios ao Eu]*, Cambridge, MA, MIT Press, 2001.

Mac Dougall, H., Moore, S., "Marching to the beat of the same drummer: the spontaneous tempo of human locomotion" [Marchando ao ritmo do mesmo tambor: o ritmo espontâneo da locomoção humana], *Journal of Applied Physiology*, 2005, v. 99, pp. 1164.

MacLarnon, A.M., Hewitt, G.P., "The evolution of human speech: the role of enhanced breathing control [A evolução da fala humana: o papel do aumento do controle respiratório], *American Journal of Physical Anthropology*, 199, v. 109(3), p. 341-63.

Maher, J.P. *et al.*, "Daily satisfaction with life is regulated by both physical activity and sedentary behavior" [A satisfação com a vida diária é regulada tanto pela atividade física quanto pelo comportamento sedentário], *Journal of Sport and Exercise Psychology, 36,* nº 2, 2014, pp. 166-178.

Maina, J., N., "Comparative respiratory physiology: the fundamental mechanisms and the functional designs of the gas exchangers" [Fisiologia respiratória comparada. Os mecanismos fundamentais e desenhos funcionais das trocas gasosas], *Free Access Animal Physiology*, 2014, nº 6, dez., 2014, pp.53-66.

Mallorquí-Bagué, N., Garfinkel, S. N., Engels, M., Eccles, J. A., Pailhez, G., Bulbena, A., Critchley, H.D., "Neuroimaging and psychophysiological investigation of the link between anxiety, enhanced affective reactivity and interoception in people with joint hypermobility" [Pesquisa de neuroimagem e psicofisiologia do vínculo entre ansiedade, maior reatividade afetiva e interocepção em pessoas com hipermobilidade muscular"], *Frontiers in Psychology,* 2014, v. 5, pp. 1162.

Masahiro S., *et al.*, "Increased oxygen load in the prefrontal cortex: a vector-based near-infrared spectroscopy study" [Aumento da carga de oxigênio no córtex pré-frontal pela respiração bucal. Um estudo de espectroscopia no infravermelho próximo baseado em vetor], *Neuroreport,* 24, nº 17 de dezembro de 2013, pp. 935-940.

Mazzatenta, A., *et al.*, "Swelling of erectile nasal tissue induced by human sexual pheromone. Advances in experimental medicine and biology" [Inflamação do tecido nasal erétil induzida por feromônio sexual humano], *Advances in Experimental Medicine and Biology,* 885, 2016, pp. 25-30.

McKeown, P., Macaluso, M., "Mouth breathing: physical, mental and emotional consequences" [Respiração bucal. Consequências físicas, mentais e emocionais], *Central Jersey Dental Sleep Medicine,* 03-09-2017.

McLaren, K., *The language of emotions: what your feelings are trying to tell you [A linguagem das emoções. O que seus sentimentos estão tentando lhe dizer],* Boulder, Seems True, 2010), p. 359.

Meerman, R., Brown, A.J., "When somebody loses weight, where does the fat go?" [Quando alguém perde peso, para onde vai a gordura?], *British Medical Journal,* 349, dezembro de 2014, p. 7257.

Michalak, J., Rhode, K., Troje, N.F., "How we walk affects what we remember: gait modifications through biofeedback change negative affective memory bias" [O modo como andamos afeta o que nos lembramos: a modificação do caminhar por meio do biofeedback altera o viés negativo da memória afetiva], *Journal of Behavioral Therapy and Experimental Psychiatry,* 2018, v. 46, pp. 121-5.

Middleton, F.A., e Strick, P.L., "Anatomical evidence for cerebellar and basal ganglia involvement in higher cognitive function" [Evidências anatômicas para o envolvimento do cérebro e dos gânglios basais nas funções cognitivas superiores], *Science* 1994, v. 266, pp. 458-61.

Murphy, Annie, *The extended mind. The power of thinking outside the brain [A mente estendida. O poder de pensar fora do cérebro*], Mariner Books, 2021.

Nancie, G., "10 Incredible facts about your sense of smell" [10 fatos incríveis sobre o seu sentido do olfato], *Everyday Health*, https://www.everydayhealth.com/News/incredible-facts-about-your-Sabas-smell/.

Neave, N., Mc Carty, K., Freynik, J., Caplan, N., Hönekopp, J., Fink, B., "Male dance moves that catch a woman's eye" [Movimentos de dança masculina que atraem a atenção de uma mulher], *Biology Letters,* 2011, v. 7 (2), pp. 221-4.

Nestor, J., Breath., *The new science of a lost art [A nova ciência de uma arte perdida],* Penguin Life, 2021.

University of Alberta, "New evidence for the oldest oxygen-breathing life on land" [Novas evidências da vida mais antiga que respira oxigênio na Terra], *ScienceDaily,* 21/10/2011.

Noble, D.J., Hochman, S., "Hypothesis: pulmonary afferent activity patterns during slow, deep breathing contribute to the neural induction of physiological relaxation" [Hipótese: padrões de atividade aferente pulmonar durante a respiração lenta e profunda contribuem para a indução neural do relaxamento fisiológico], *Frontiers in Physiology*, 2019, v. 13(10), p. 1776.

O'Connor, P.J., Herring, M.P., Caravalho, A., "Mental health benefits of strength training in adults" [Benefícios para a saúde mental do exercício de força em adultos], *American Journal of Lifestyle Medicine,* 2010. V. 4(5), pp. 377-96.

Oppezzo, M., Schwartz, D.L., "Give your ideas some legs: the positive effect of walking on creative thinking" [Dê pernas às suas ideias. O efeito positivo da caminhada no pensamento criativo], *Journal of Experimental Psychology: Learning, Memory and Cognition,* 2014, v. 40(4), pp. 1142-52.

Ozturk, A., B., et al., "Does nasal hair (vibrissae) density affect the risk of developing asthma in patients with seasonal rhinitis?" ["O registro de pelos nasais (vibrissas) afeta o risco de desenvolver asma em pacientes com rinite sazonal?"], *International Archives of Allergy and Immunology*, 156, nº 1 (março de 2011), pp. 75-80.

Pal, G. K., *et al.*, "Slow yogic breathing through right and left nostril influences sympathovagal balance, heart rate variability, and cardiovascular risks in young adults" [A respiração lenta da ioga através das narinas direita e esquerda influencia o equilíbrio simpatovagal, a variabilidade da frequência cardíaca e os riscos cardiovasculares em adultos jovens], *North American Journal of Medicine and Science*, 6, nº 3, março de 2014, pp. 145-151.

Payne, P., Crane-Godreau, MA, "Meditative movement for depression and anxiety" [Movimento meditativo para ansiedade e depressão], *Frontiers in Psychiatry*, 2013, v. 4º, artigo 71.

Pendolino, A., L., *et al.*, "The nasal cycle: a comprehensive review" [O ciclo nasal: uma revisão completa], *Rhinology Online,* 1 de junho de 2018, pp. 67-78.

Pleil, J.D., "Breath biomarkers in toxicology" [Marcadores biológicos da respiração em toxicologia], *Archives of Toxicology*, 90, nº 11, novembro de 2016, pp. 2669-2682.

Popov, T.A., "Human exhaled breath analysis" [Análise da respiração exalada humana], *Annals of Allergy, Asthma & Immunology*, 106, nº 6, junho de 2011, pp. 451-456.

Porges, S.W., "The pocket guide to polyvagal theory: the transformative power of feeling safe" [O guia de bolso para a teoria polivagal: o poder transformador de se sentir seguro], *Norton Series Collection on Interpersonal Neurobiology*, Nova York, WW Norton, 2017, pp. 131, 140, 160, 173, 196, 234, 242.

Porges, S.W., "Body perception questionnaire" [Questionário de Percepção Corporal], Universidade de Maryland, Baltimore, MD.

Raghuraj, P., Telles, S., "Immediate effect of specific nostril manipulating yoga breathing practices on autonomic and respiratory variables" [O efeito imediato das práticas de respiração de ioga com manipulação específica das narinas nas variáveis autonômicas e respiratórias"], *Applied Psychophysiology and Biofeedback*, 33, nº 2, junho de 2008, pp. 65-75.

Raichlen, D.A., Alexander, G.E., "Adaptive capacity: an evolutionary neuroscience model linking exercise, cognition, and brain health" [Adaptabilidade: um modelo de neurociência evolutiva que liga exercício, cognição e saúde cerebral], *Trends in Neuroscience*, 2017, v. 40 (7), pp. 408-21.

Raichlen, D.A., Foster, A.D., Gerdeman, G.L., Seillier, A., Giuffrida, A., "Wired to run: exercise-induced endocannabinoid signaling in humans and cursorial mammals with implications for the 'runner's high'" [Conectado para corrida: sinalização endocanabinoide induzida por exercício em humanos e mamíferos cursoriais com implicações para a 'euforia do corredor'"], *Journal of Experimental Biology*, 2012, v. 215:1331-6.

Ratey, J., Hagerman, E., *Spark: the revolutionary new science of exercise and the brain [Faísca: como o exercício melhorará o desempenho do seu cérebro]*, Londres, Quercus, 2008, p. 107.

Raymond, J., "The shape of a nose" [O formato de um nariz], *Scientific American*, 2011.

Rilling, J.K., *et al.*, "A neural basis for social cooperation" [Uma base neural para cooperação social], *Neuron*, 35, nº 2, 2002, pp. 395-405.

Russo, M.A., *et al.*, "The physiological effects of slow breathing in the healthy human" [Os efeitos fisiológicos da respiração lenta no ser humano saudável], *Breathe*, 13, nº 4, dezembro de 2017, pp. 298-309.

Watson N.F., *et al.*, "Recommended amount of sleep for a healthy adult: a joint consensus statement of the American Academy of Sleep Medicine and Sleep Research Society" [Quantidade recomendada de sono para um adulto saudável: uma declaração de consenso conjunto da Academia Americana de Medicina do Sono e da Sociedade de Pesquisa do Sono], *Sleep*, 2015, v. 38 (6), pp. 843-4.

Sano, M., *et al.*, "Increased oxygen load in the prefrontal cortex from mouth breathing: a vector-based near-infrared spectroscopy study" [Aumento da carga de oxigênio no córtex pré-frontal pela respiração oral: um estudo de espectroscopia no infravermelho próximo baseado em vetores], *Neuroreport*, 24, nº 17, dezembro de 2013, pp. 935-940.

Sapolsky, R., *Behave: the biology of humans at our best and worst [Comporte-se: a biologia dos humanos em seu pior e seu melhor]*, Penguin Press, edição ilustrada, 2017.

Scaer, R., *8 keys to brain–body balance (8 keys to mental health) [8 chaves para o equilíbrio cérebro-corpo (8 chaves para a saúde mental)]*, WW Norton & Company, edição ilustrada, 2012).

Smith, L., Hammer, M., "Sedentary behaviour and psychosocial health across the life course", em *SedentaryBehaviour Epidemiology* [Comportamento sedentário e saúde psicossocial ao longo do curso de vida, em *Epidemiologia do comportamento sedentário]*, Leitzmann, MF, Jochem, C., Schmid, D. (eds.), Springer Series on Epidemiology and Public Health, Nova York, Springer, 2017.

Stewart, M., *et al.*, "Epidemiology and burden of nasal congestion" [Epidemiologia e peso da congestão nasal], *International Journal of General Medicine*, 3, 2010, pp. 37-45.

Ströhle, A., *et al.*, The acute antipanic and anxiolytic activity of aerobic exercise in patients with panic disorder and healthy control subjects" [A atividade antipânico e ansiolítica aguda de exercícios aeróbicos em pacientes com transtorno de pânico e indivíduos de controle saudáveis], *Journal of Psychiatric Research*, 43, nº 12, 2009, pp. 1013-1017.

Svensson, S., *et al.*, "Increased net water loss by oral compared to nasal expiration in healthy subjects" [Maior perda líquida de água através da administração oral em comparação com a expiração nasal em indivíduos saudáveis], *Rhinology*, 44, nº 1, março de 2006, pp. 74-77.

Tarr, B., Launay, J., Dunbar, R.I.M., "Music and social bonding: 'self-other' merging and neurohormonal mechanisms" [Música e vínculo social: a fusão do eu com o outro e mecanismos neuro-hormonais], *Frontiers in Psychology,* 2014, v. 5., p. 1096.

Terasawa, Y., Shibata, M., Moriguchi, Y., Umeda, S., "Anterior insular cortex mediates bodily sensibility and social anxiety" [O córtex insular anterior medeia a sensibilidade corporal e a ansiedade social], *Cognitive, Affective & Behavioral Neuroscience,* 8(3), 2013, pp. 259-266.

Terasawa, Y., Shibata, M., Moriguchi, Y., Umeda, S., "Interoceptive sensitivity predicts sensitivity to the emotions of others" [A sensibilidade interoceptiva prevê a sensibilidade às emoções dos outros], *Cognition and Emotion,* 28(8), 2014, pp. 1435-1448.

Tort, A.B.L., Brankack, J., Draguhn, A. "Respiration-entrained brain rhythms are global but often overlooked" [Os ritmos cerebrais baseados na respiração treinada são globais, mas muitas vezes esquecidos], *Trends in Neuroscience,* 2018, v. 41(4), pp. 186-97.

Tsubamoto-Sano, N., *et al.*, "Influences of mouth breathing on memory and learning ability in growing rats" [Influências da respiração bucal na memória e capacidade de aprendizagem em ratos em crescimento], *Journal of Oral Science,* 61, nº 1, 2019, pp. 119-124.

Vlemincx, E., Van Diest, I., Lehrer, P.M., Aubert, A.E., Van den Bergh, O., "Respiratory variability preceding and following sighs: a resetter hypothesis" [Variabilidade respiratória precedendo e seguindo suspiros: uma hipótese de redefinição], *Biological Psychology,* 2010, v. 84(1), pp. 82-7.

Wiens, S., Mezzacappa, E.S., & Katkin, E.S., "Heartbeat detection and the experience of emotions" [Detecção de batimentos cardíacos e experiência de emoções], *Cognition and Emotion,* 14(3), 2000, pp. 417-427.

Williams, C., Move. *How the new science of body movement can set your mind free [Como a nova ciência do movimento corporal pode libertar sua mente],* Hanover Square Press, 2022.

Winkler, I., Háden, G.P., Ladinig, O., Sziller, I., Honing, H., "Newborn infants detect the beat in music" [Recém-nascidos detectam o ritmo da música], *PNAS,* 2009, v. 106(7), pp. 2468-71.

Worrall, S., "The air you breathe is full of surprises" [O ar que respiramos está cheio de surpresas], *National Geographic,* 13-08-2017.

Wollan, M., "How to be a nose breather" ["Como respirar pelo nariz"], *The New York Times Magazine,* 23/04/2019.

Yasuma, F., Hayano, J., "Respiratory sinus arrhythmia: why does the heartbeat synchronize with respiratory rhythm?" [Arritmia do seio respiratório: por que os batimentos cardíacos sincronizam com o ritmo da respiração?], *Chest,* 2004, v. 125(2), pp. 683-90.

SUA OPINIÃO É MUITO IMPORTANTE

Mande um e-mail para **opiniao@vreditoras.com.br** com o título deste livro no campo "Assunto".

1ª edição, abr. 2024

FONTES Bebas Neue Regular 36/43, 50/74 e 74/74pt;
Adobe Garamond Pro Bold 12/16,1pt;
Adobe Garamond Pro Regular 11,6/16,1pt

PAPEL Offset 90g/m²

IMPRESSÃO Gráfica Santa Marta

LOTE GSM150424